Diary 2017

## 정리의 시작, 책상 서랍부터

처음에는 아주 사소한 것부터였습니다. 서랍에 잔뜩 쌓여있는 펜 중에 자주 사용하는 펜만 골라 앞쪽에 수납했습니다. 단지 그것뿐이었는데 펜을 금방 꺼낼 수 있어서 '어, 이거 편한데.'라는 생각이 들었어요.

왠지 껄끄럽게 느껴지던 선배에게 웃는 얼굴로 인사를 건네 봤습니다. 어느새 선배의 말이 부드러워졌음을 느낄 수 있었어요. '먼저 인사하길 잘했어.' 싶었고요.

사소한 것이라도 하나하나 쌓아 가면 일도 삶도 전보다 잘 돌아가는 느낌이 듭니다. 아주 작은 일로도 놀랍게 발전할 수 있습니다. 그리고 새로운 아이디어도 계속 떠오릅니다. '작은 아이디어'로 '발전하는 즐거움'을 알게 되면, 다음 한 걸음을 쉽게 내딛을 수 있지요. 오늘 책상 서랍부터 하나씩 정리해 보세요.

# 내일도 회사에 가고 싶어지는 순간

'아아, 내일 회사 가기 싫다.'

'일이 다 그렇지 뭐.'

일하다 지칠 때면 나도 모르게 이런 생각이 듭니다. 그러나 당연하게 여기던 일을 조금 바꾸기만 해도 '와, 편리해졌어!', '이거 하나 바꿨는데 편하잖아!' 하고 마음속으로 만세를 부르고 싶어집니다.

회사일은 늘 힘들고 지겹다고 생각하지만, 실은 업무에서도 두근거리는 순간이 많이 있습니다. 직장 내 인간관계나 업무 내용은 쉽게 바꿀 수 없지요. 하지만 스스로 아이디어를 내거나 마음을 바꿔 보는 것은 지금 당장이라도 가능하지요. 그러면 똑같은 환경에서도 풍경이 조금씩 변하기 시작합니다.

진행 중
A사
B사

## ‘어떻게 하면 편해질까?’를 고민하기

업무에 관한 아이디어를 낼 때 중요한 것은 ‘어떻게 하면 편해질까?’를 고민하는 것입니다. 일이 편해진다는 것은 내 일을 누구에게 미루거나 대충 하는 것이 아닙니다. 효율적으로 시간을 관리하는 것입니다. 사소한 불편을 그대로 두지 않는다는 말이기도 하지요.

펜 세 자루를 그때그때 바꿔 가며 작업하기보다 3색 볼펜을 사용하면 훨씬 편합니다. 단 몇 초일지라도 그것이 매일 하는 일이라면 점점 쌓여서 내가 자유롭게 쓸 수 있는 시간이 늘어납니다. 내년의 목표를 고민하는 시간, 가족과의 편안한 시간. 그런 소중한 시간들 덕분에 일하는 것도 더 즐거워집니다.

# 책상을 정리하고 생각을 정리하면 시간이 마법처럼 늘어납니다

서류는 무너지기 쉬운 링바인더를 사용하지 않고 모두 투명 클리어파일로 관리합니다. 칸막이가 촘촘하게 나누어진 서류보관함을 사용하지 않고 어디에서나 쉽게 구할 수 있는 파일박스를 사용합니다. 단순하고 간단하게, 되도록 비용을 들이지 않고 빠르게 업무를 처리할 수 있는 아이디어를 날마다 고민하고 있습니다.

저는 학생 시절부터 업무나 집안일에 걸리는 시간을 줄이는 데 관심이 많았어요. 10년 전, 인테리어와 생활 정보를 담은 블로그 'OURHOME'을 시작했습니다. 당시 대학을 갓 졸업하고 회사에서 통신판매 카탈로그 상품을 기획하는 일을 하고 있었어요. 그 후 8년간 근무한 회사를 그만두고 프리랜서가 되었지요. 현재는 정리 수납 어드바이저로 활동하고 있습니다. 2015년에 법인으로 전환한 회사를 부부가 함께 경영하고 있습니다. 워킹맘 스태프 8명과 함께 강좌를 진행하고 온라인 숍 운영도 하고 있어요. 정리에 관한 글도 쓰고, 세미나도 합니다.

회사원이던 시절, 쌍둥이 남매를 출산하고 일을 다시 시작할 때는 '일도 중요하고 육아도 중요한데 둘 다 제대로 못하고 있구나.' 싶어 자책하기도 했어요. 하지만 인생은 단 한 번뿐. 시간에는 한계가 있습니다. 일과 가정, 어느 쪽이 중요한가, 그만둘까, 계속 다닐까, 이 힘든 나날을 어떻게 하면 좋을지 '고민하는 데'에 내 소중한 시간을 쓸 것이 아니라 어차피 닥친 일이라면 '어떻게 해낼 것인지 궁리하는 데'에 시간을 쓰기로 마음먹었습니다. 책상과 생각을 조금만 정리해도 업무 시간은 몰라보게 달라집니다. 그 대가로 주어지는 것은 가족과 보내는 소중한 시간입니다.

이 책은 저의 열 번째 책입니다. 회사원 시절과 창업을 하게 된 뒤에 실천한 아이디어를 한 권으로 묶었습니다. 일하는 환경은 사람마다 다르니까 그대로 적용하기 어려운 부분도 있겠지만, '이렇게 하니 정말 편해졌구나.' 하고 실감한 아이디어 중 누구나 쉽게 활용해 볼 만한 88가지 아이디어를 소개합니다. 일이 잘 되지 않을 때나 생활에 지쳤을 때 이 책을 읽어보세요. 한 가지라도 도움이 되어 당신의 생활에 좋은 변화가 있기를 바랍니다.

정리 수납 어드바이저 Emi

## CONTENTS



# CHAPTER 1

# 책상 정리 아이디어

# CHAPTER 2

# 시간 관리 아이디어

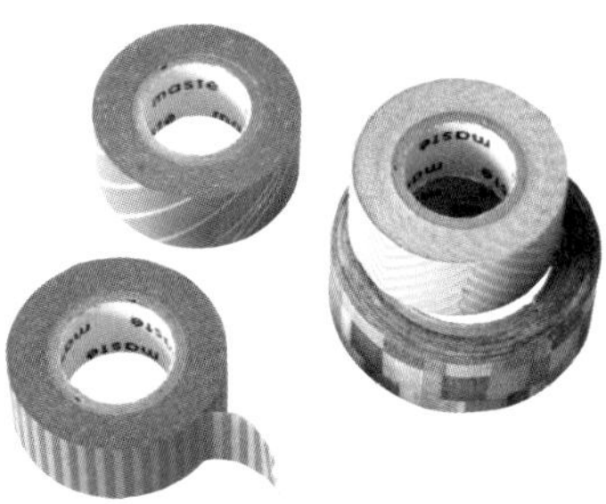




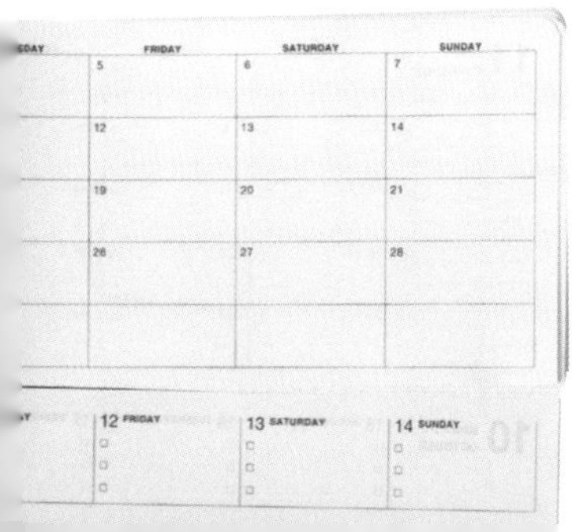

## CHAPTER 3

## 일과 육아의 균형 잡기

## CHAPTER 4

## 생각 정리 아이디어

업무 성과를 높이고
가족과 지낼 시간을 확보하는 것.
책상 정리부터 시작하는 한 걸음이
일과 집안일 모두 무리 없이 돌아가는
시스템을 만듭니다.

관심 있는 주제만 골라 읽어도 좋아요.
시간 절약하는 법, 기분 전환하는 법 등
내일 바로 일터에서 실행해 보고 싶은 아이디어들을 담아 이 책을 만들었습니다.

# CHAPTER 1

## 책상 정리 아이디어

# 수납의 기본은 1분야 1상자 넣기

정리 수납 어드바이저인 제가 늘 권하는 방법은 '1분야 1상자 수납법'입니다. 가정에서도 사무실에서도 마찬가지입니다. **같은 분야의 물건이나 동시에 사용하는 물건은 각각 상자나 서랍을 하나 마련**하여 다른 물건과 섞이지 않도록 하는 방법입니다. 상자 1개에 1분야가 모여 있기 때문에 알기 쉽고, 물건을 찾기 쉬워요. 제자리에 갖다 놓을 때도 상자에 넣기만 하면 되니 정리가 편합니다. 가장 편리한 수납법이지요.

이 수납법은 일터에서도 아주 유용합니다. 사무실에는 폭이 좁은 서랍장이 있고 서랍마다 펜, 우표, 봉투, 전표 하는 식으로 이미 '1분야 1상자'를 실행하고 있는 경우가 많습니다. 누구든 어디에 무엇이 있는지 파악하기 쉽고, 물건을 꺼내기도, 제자리에 갖다 놓기도 편합니다.

개인 책상에서 추천하는 방법은 '1분야 1안건'으로 상자를 만드는 것입니다. 상자에 물건을 집어넣기만 하면 되니 서류 등을 철하는 것보다 훨씬 편합니다. 종이가 아니어도 함께 수납이 가능하고 상자 속이 조금 어지러워도 상관없습니다. **그 상자만 꺼내면 필요한 것이 전부 모여 있는 상태**가 되므로 이게 없네, 저게 없네 하고 일일이 찾을 필요가 없어서 업무 처리가 빨라집니다.

## 분야를 나눠 정리
## 상자에 라벨 붙이기

정리하고 싶은 물건은 일단 전부 꺼내서 **안건 하나마다, 또는 동시에 사용하는 것끼리 분류**합니다. 전부 꺼내면 불필요한 물건이 눈에 띄기 마련이므로 쓸데없는 것을 처분하기도 좋습니다.

그룹이 생기고 파일박스에 들어가는 양이면 그것을 1분야로 정하고 **라벨을 붙입니다. 라벨이 없으면 찾을 때 불편해서 단 몇 초라도 머리와 시간을 쓰게 되니 반드시 라벨을 붙이는 것이 중요**합니다. 만일 파일박스 하나에 들어가지 않는 분량이면 그 그룹 안에서 다시 분야를 나눠 세분화하여 1분야를 정합니다.

이때 주의할 점은 상자에 여유가 있다고 해서 관계없는 다른 분야를 같은 상자 안에 넣지 말 것. 섞여 있으면 필요한 물건을 찾기 힘들어지고 생각이 분산됩니다. 다소 공간을 차지하더라도 1분야 1상자를 지킵니다.

## 분야 나누기는 업무에 따라 다르다

저는 프로젝트마다 1상자를 만듭니다. 책 관련 업무라면 책마다 1상자, 상품 개발이라면 거래처마다 1상자, 하는 식입니다. 서류, 자료 서적, 아이디어 메모, 컬러 샘플 등 관련된 것은 뭐든 넣어둡니다. 잡지의 기획 한 꼭지에까지 1상자는 필요하지 않으므로 이때는 '진행 중'이라는 상자를 만들어서 1분야로 사용합니다.

업무에 따라 분야 나누기는 달라집니다. 전 직장에서는 봄, 여름, 가을, 겨울처럼 계절마다 상자를 만들었습니다. 영업 담당이라면 구역별이나 클라이언트별, 기간을 중심으로 일한다면 4분기로 나누어 분기마다 1상자를 만드는 방법도 있습니다.

어떤 안건에나 사용하는 자료와 도구가 있으면 그것을 1분야로 하여 1상자를 만드는 것도 한 가지 방법입니다.

## A4용 파일박스가 최고
## 가득 차면 바로 정리

**개인 책상에서 쓰기 좋은 것은 A4 크기 파일박스입니다.** P.24에서 소개할 투명 A4 클리어파일은 세워서 수납할 수 있고, 모양이 제각각인 물건이라도 함께 수납하면 같은 모양으로 통일되어 책상 위나 선반이 가지런해집니다. 상자 하나만 꺼낼 때도 한손으로 들 수 있고, 상자가 제 힘으로 서 있어서 하나를 빼더라도 다른 상자가 쓰러지지 않아 좋습니다.

1분야의 상자가 가득 차면 상자를 더 만들지 말고 그 단계에서 정리하는 방법을 권합니다. '이 프로젝트가 끝날 때까지.'라며 **물건이 넘쳐나는 채로 두면 필요한 물건을 찾는 시간이 오래 걸려서** 점점 비효율적이 됩니다.

상자가 가득 차면 프로젝트 도중이라도 업무 중 기분 전환을 겸해서 오른쪽 페이지의 '상자 정리 4단계'에 따라 상자를 정리하는 습관을 들입니다.

# 상자 정리 4단계

## 1 | 상자가 가득 찼다!

자료나 서류를 넣고 빼기 힘들어지면 정리할 시점. 나중으로 미루지 않아야 업무 효율이 좋아지므로 바쁘더라도 즉시 처리합니다.

## 2 | 내용물을 전부 꺼낸다

정리의 기본인 '전부 꺼내기' 실시. 시간이 없다고 상자에 물건을 넣은 채 필요 없어진 물건을 찾는 것보다 전부 꺼내는 것이 낫습니다. 필요 또는 불필요를 판단하기 쉬워 결국 시간이 절약됩니다.

## 3 | 다시 넣을 것&처분할 것으로 나눈다

왼쪽에서부터 앞으로도 사용하니 상자에 다시 넣을 서류, 필요 없는 내용물을 꺼내서 이제 사용할 필요가 없어진 클리어파일, 처분할 서류 순.

## 4 | 원래 장소에 둔다

말끔하게 정리하고 나면 상자를 원래 장소에 둡니다. 필요한지 아닌지 가려내는 작업은 모든 업무와 연결되므로 연습해보는 효과도 있습니다.

# 상자 만들기 규칙

### '우선 아무 데나' 넣지 말고 '진행 중' 상자를

프로젝트가 될지 아직 모르는 안건이나 단시간에 끝나는 안건의 서류와 메모는 책상에 쌓아 두지 말고 전용 상자를 만들면 편리합니다. '우선 아무 데나'가 아니라 '진행 중'이라는 적극적인 이름으로 라벨을 만드는 것이 포인트입니다.

### 라벨을 붙이면 다른 사람도 알 수 있다

자기가 찾기 편하게 하기 위해 라벨을 붙이지만 갑자기 휴가를 냈을 때도 유용합니다. 상사나 동료가 자료 위치를 쉽게 알아볼 수 있어서 일을 부탁하기도 편합니다. 외출한 상태에서 자료를 확인해 달라고 요청하기도 편리하지요.

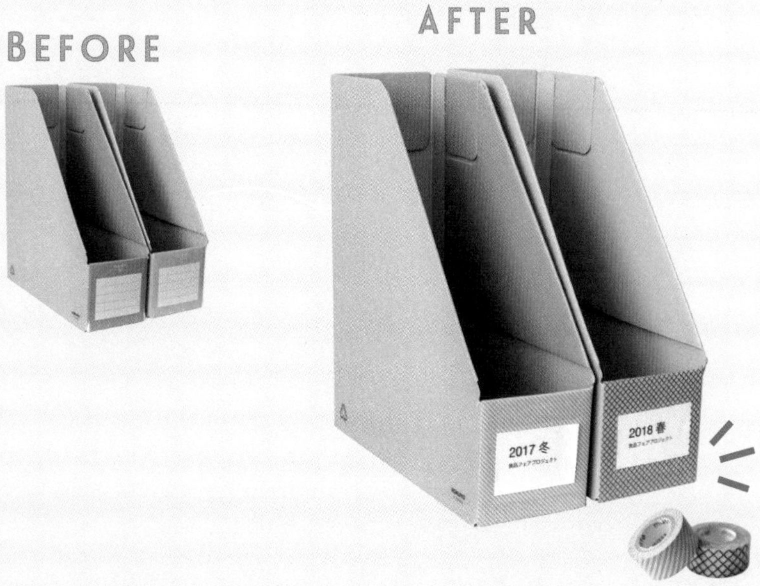


### 내 스타일로 꾸며본다

회사에서 지급하는 파일박스 디자인이 마음에 들지 않거나 낡았을 때, 정리에 대한 동기부여가 쉽지 않을 때가 있지요. 그럴 때는 소소하게 커스터마이즈해 보세요. 사소한 만족이지만 기분 좋은 환경을 만들면 의욕이 생겨서 결과적으로 업무 효율이 좋아집니다.

예를 들면 라벨을 붙이는 부분에 좋아하는 마스킹테이프를 붙여서 꾸며보세요. 라벨을 손으로 쓰지 말고 라벨 프린터를 사용하여 깔끔하게 보이도록 하는 것도 좋아요. 손이 조금 가기는 하지만 많은 비용을 들이지 않고 기분 좋게 일할 수 있다면 시간을 조금 내서 해 보는 것은 어떨까요?

# 정리 수납 No.1 아이템
# 투명 A4 클리어파일

업무에 가장 도움이 되는 수납 아이템은 의외로 투명 A4 클리어파일입니다. 이미 사용하고 있는 사람도 종이를 끼워 두는 정도로만 사용하고 자료 정리에는 바인더나 링바인더를 많이 쓰는 듯합니다.

**클리어파일의 장점은 서류의 분류 및 정리가 간단하다는 것.** 링바인더를 쓰려면 일부러 서류에 구멍을 뚫어야 합니다. 포켓 파일은 포켓 부분에 매번 종이를 집어넣기 번거롭고 그때그때 필요한 부분만 꺼낼 수가 없습니다. 일부 내용물이 필요 없어져도 그 포켓이 파일에 붙어 있으니 다른 자료를 넣지도 못하고 빈 포켓을 늘 들고 다니는 셈입니다.

하지만 클리어파일은 자료를 끼우기만 하면 되니까 자료를 넣고 빼기가 한결 편합니다. 외출할 때는 필요한 파일만 가지고 갈 수 있습니다. 투명한 파일로 통일하면 안에 든 서류가 한눈에 보이므로 열어서 확인하지 않아도 됩니다. 그리고 클리어파일을 안건별로 파일박스에 넣으면 자료를 철한 것과 같은 상태가 됩니다. 클리어파일은 **어떤 방법보다도 편하고 사용하기 쉬운 No.1 아이템**입니다.

## 클리어파일에 넣으면 모두 A4 크기로 통일

클리어파일은 몇 가지 크기로 구분하여 사용하지 말고 A4 크기로 통일합니다. **작은 것이나 모양이 일정하지 않은 것을 한 가지 크기로 만들어서 관리할 수 있기 때문**이지요. 쌓아 두어도, 파일박스에 세워도 모두 같은 크기로 되어 있으면 다루기 편하고 보기에도 깔끔합니다.

조그만 메모, 영수증 한 장뿐이라 아직 같은 파일에 넣을 것이 없으면 무심결에 책상 위에 놓아 두지 않나요? 그랬다가 필요할 때 얼른 찾지 못하면 당황스럽습니다. **작은 것일수록 A4 파일에 넣는 방법**이 좋습니다. 영수증 1장이라도 파일박스에 세울 수 있어서 분실할 염려도 없습니다. 크기가 제각각인 팸플릿도 A4 크기로 통일하면 관리가 한결 편해집니다. '서류만 넣는 것'이라는 고정관념을 버리세요. 클리어파일을 한층 편리하게 사용할 수 있습니다.

# 이래서 클리어파일이 편리!

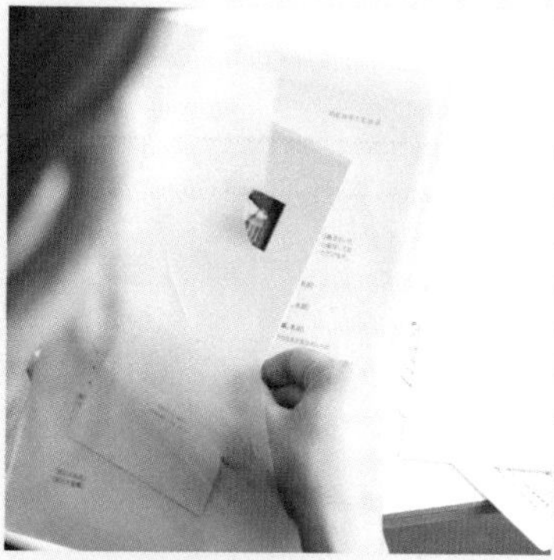

## 봉투 내용물도 한눈에 보이도록

봉투에 담아서 보내 온 서류도 필요한 것만 꺼내서 클리어파일에. 일부러 넣고 빼지 않아도 금방 내용을 알 수 있습니다.

## 작은 종이가 없어지지 않는다

영수증 1장이라도 안건마다 정리되어 있으면 나중에 편하지요. 클리어파일에 끼워 파일박스에 넣으면 크기가 통일되고 잃어버릴 염려도 없어요.

## 무너지지 않는다

링바인더나 포켓파일은 책등이 있고 각이 잡혀 있어서 개수가 늘어나면 쌓아 뒀을 때 쉽게 미끄러집니다. 클리어파일은 무너지지 않아서 깔끔합니다.

## 안쪽에 포스트잇 라벨을 붙이면 OK

라벨을 붙일 때는 포스트잇의 접착면이 있는 쪽에 내용을 적어서 파일 안쪽에 붙이는 방법이 가장 간단합니다. 안쪽에 붙이면 잘 떨어지지 않아요.

## 빈 클리어파일만 넣은 파일박스를 만들면 편리

종이 쪽지 1장이라도 클리어파일에 넣으면 관리가 편해진다는 사실을 알아도 매번 클리어파일을 수납해 둔 공유 공간까지 가지러 가야 한다면? 역시 메모는 책상 위에 뒹굴게 됩니다. 이를 방지하기 위해, 클리어파일에 수납하려고 생각한 순간, 바로 넣을 수 있도록 **얼른 손이 닿는 곳에 빈 클리어파일을 놔두면** 편리합니다.

가까운 곳에 클리어파일이 있어도 빈 클리어파일을 찾아야 하거나 틈새에서 힘들게 꺼내야 하면 귀찮아지죠. **가장 좋은 방법은 빈 클리어파일 전용 박스를 만드는 것.** 공간이 부족하다면 되도록 꺼내기 쉬운 장소에 전용 공간을 마련합니다. 파일을 다 쓰면 반드시 그 장소에 다시 채워 두는 습관을 철저히 들이는 것도 중요합니다.

클리어파일

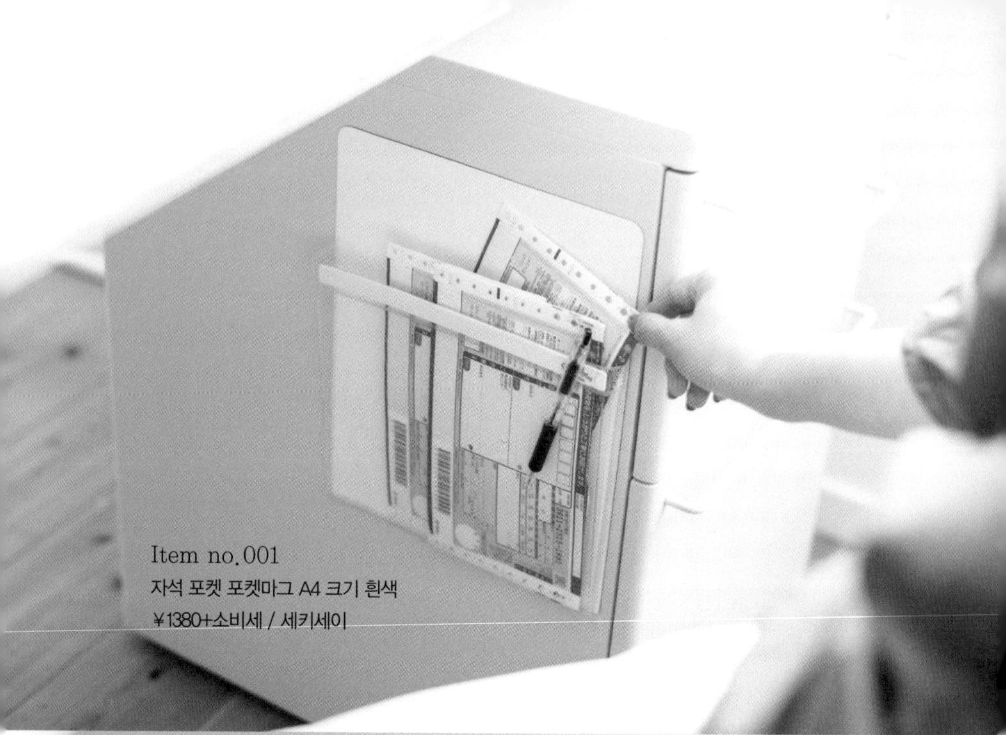

Item no.001
자석 포켓 포켓마그 A4 크기 흰색
¥1380+소비세 / 세키세이

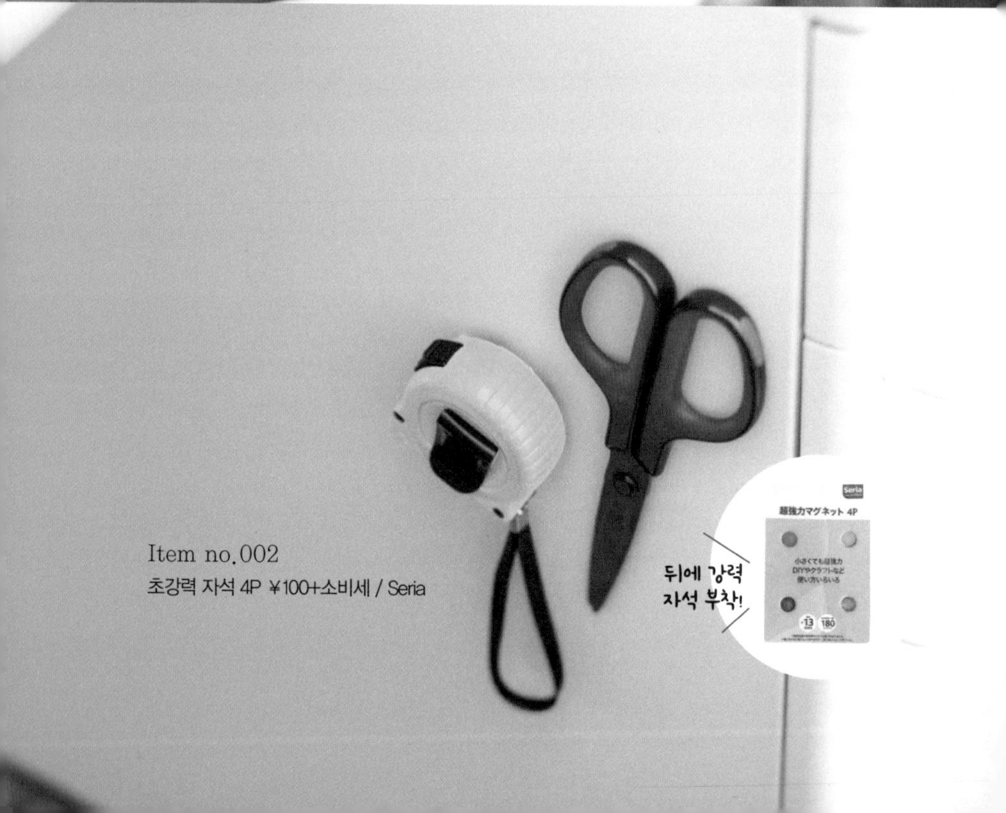


Item no.002
초강력 자석 4P ¥100+소비세 / Seria

# 자석 수납으로 자주 하는 작업을 편하게

'자주 사용하는 물건일수록 꺼내기 쉽고 원래대로 두기 편하게 수납한다.'

이것이 사용하기 편한 수납의 기본입니다.

저는 통판회사에서 수납용품을 기획하고 개발하는 일을 했습니다. 무엇을 하든 크기가 중요해서 언제나 줄자를 들고 다녔습니다. 일부러 서랍을 여닫는 게 귀찮을 정도로 자주 사용하는 물건은 안에 넣지 않는 것이 좋습니다. 그런데 그렇게 해도 다른 업무에 방해되지 않는 수납법이 있을까요?

**자석을 사용하면 바로 잡을 수 있는 수납이 가능**합니다. 사무실 책상에는 대부분 철판 부분이 있으니 그 점을 이용합니다. 책상이나 서랍 옆면에 자주 사용하는 물건을 직접 수납합니다. 하루에 몇 번씩 택배를 보낸다면 택배 송장을 펜과 함께 자석 포켓에 넣어 둡니다. 자와 가위를 자주 사용한다면 자와 가위 자체에 조그만 강력 자석을 접착제로 붙여서 각각 책상에 직접 붙입니다.

어디에 넣을 필요가 없고 **바로 잡을 수 있어서 책상 위에 놓아 둔 것처럼 편리**합니다. 그러면서도 책상 위 자리를 차지하지 않으니 다른 일에 방해가 되지 않습니다.

## 보관 여부를 결정하기 어려운 대량의 서류는 일단 스캔

앞으로도 필요할지 몰라서 보관하고 있지만 자리를 차지해서 걸리적거리는 서류나 자료. 이런 자료가 현재 진행 중인 것과 섞이면? 현재 서류나 자료를 적절한 장소에 두지 못해서 책상 주위를 사용하기 불편해집니다. 게다가 필요한 정보를 찾기도 어렵지요. 그런 이중의 불편 속에서 일의 효율은 점점 떨어집니다.

앞으로도 필요하다고 느꼈다면 바로 처분하기는 어렵습니다. **종이류는 일단 스캔하여 데이터로 만들어 컴퓨터 안에 보관하고, 실물은 남기지 않는** 방법을 추천합니다. 이때 파일명을 구체적으로 붙이고 날짜를 입력해놓으면 검색이 가능하여 필요한 정보를 쉽게 찾을 수 있습니다.

**실제 종이 자료를 다 뒤지는 것보다 필요한 자료를 쉽게 찾아낼 수 있지요.** OCR 기능(스캔한 이미지 속 문자를 디지털 인식하여 그 문자를 검색하는 기능)이 있는 스캐너가 있으면 데이터로 만든 서류의 검색성이 더 좋아지므로 회사의 OA 기기 기능을 확인해 두는 것도 중요합니다.

스캔 작업은 번거롭기는 하지만 이후의 효율적인 업무를 위한 것입니다. 일단 늘어난 서류는 어느 단계에서든 시간을 들여 정리하지 않으면 계속 산더미 같은 서류 속에서 불편을 느끼며 일해야 합니다.

'급할수록 돌아가라.'는 말이 있듯 당장은 귀찮고 멀리 돌아가는 것 같아도, **시간을 들여 과거 서류를 정리해놓으면 미래의 자신에게 분명 도움이 됩니다.**

그래도 스캔하기 위한 시간과 수고를 들이기가 어렵다면, 보관 서류를 상자에 넣어 사물함으로 옮기는 것도 좋습니다. 일단 책상 주위에서 이동(무리라면 책상 밑에 둔다)하는 방법도 있습니다.

**이때 상자를 닫은 날짜를 매번 상자에 적어 둡니다.** 현재 진행 중인 서류와 분리했기 때문에 일하기가 편해집니다. 날짜를 확인하면 결국 1년 이상 상자를 열지 않았다든가 하는 사실을 알 수 있어서 스캔할 것도 없이 처분 결정을 내릴 수 있으니까요.

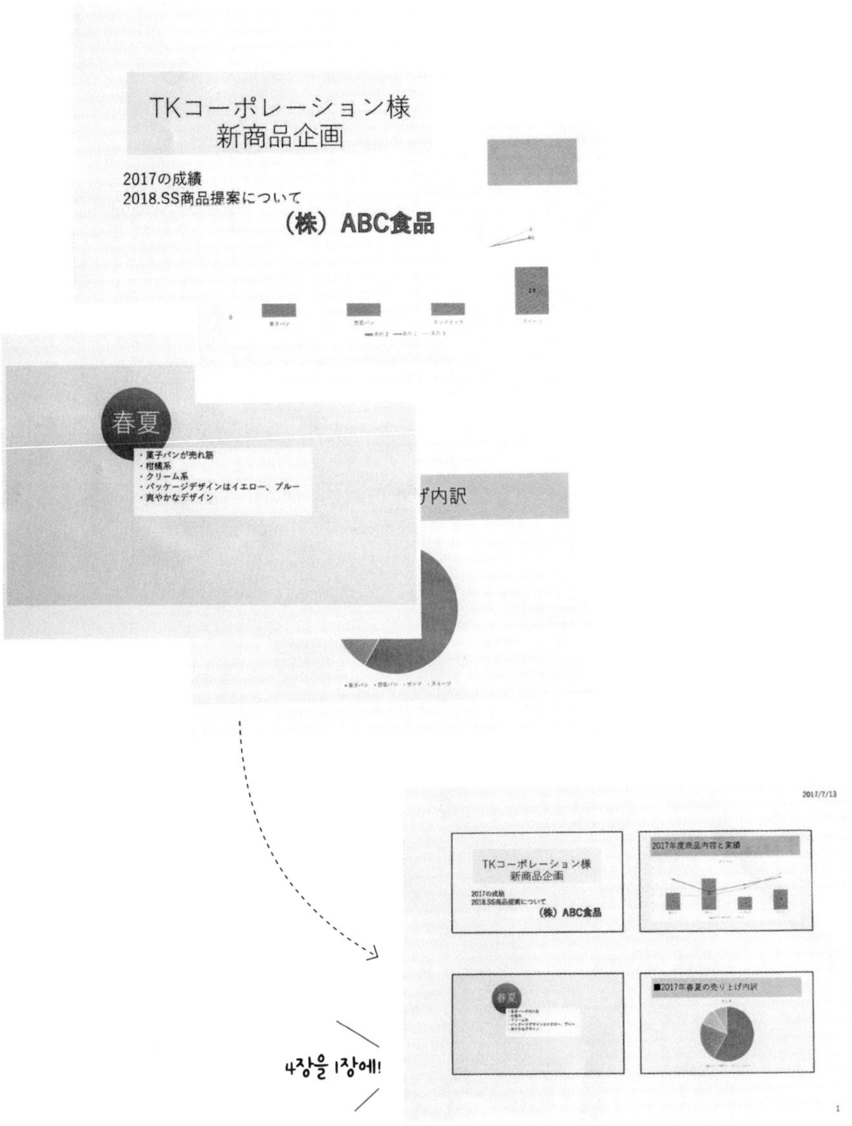
TKコーポレーション様
新商品企画
2017の成績
2018.SS商品提案について
（株）ABC食品
春夏
・菓子パンが売れ筋
・柑橘系
・クリーム系
・パッケージデザインはイエロー、ブルー
・爽やかなデザイン
げ内訳
2017/7/13
TKコーポレーション様
新商品企画
2017の成績
2018.SS商品提案について
（株）ABC食品
2017年度商品内容と実績
春夏
■2017年春夏の売り上げ内訳
1
4장을 1장에!

# 레이아웃 인쇄로 종이 줄이기

무작정 인쇄하지 말고 되도록 모니터에서 확인하기. 이것만 실천해도 서류 정리가 쉬워집니다. 하지만 종이로 확인하는 것이 중요하거나 보관할 필요성이 있는 등 서류를 인쇄해야 할 경우가 많습니다. 몇 장 정도라면 몰라도 몇십 장 수준이면 종이 분량도 많고 시간도 꽤 걸립니다.

저는 꼭 인쇄 레이아웃을 변경합니다. **종이 1장에 2페이지 분량 또는 4페이지 분량을 인쇄하도록 설정을 바꾸기만** 하면 됩니다(절약 인쇄, 레이아웃 인쇄 등). 매번 설정을 바꾸기 번거로우면 디폴트로 원하는 페이지만큼 1장에 인쇄할 수 있도록 설정하는 것도 가능하지요.

당연한 말이지만 1페이지를 1장에 인쇄하는 것보다 **종이 사용량과 인쇄에 드는 시간이 줄어드니 인쇄 비용도 줄일 수 있고, 수납공간도 줄일** 수 있습니다. 한 번 설정을 바꿨을 뿐인데 1/2이나 1/4까지 줄일 수 있다는 것은 의미가 큽니다.

1페이지 1장 인쇄보다 전체 모습을 조감하기 쉽고, 내용을 이해하기 쉽다는 장점도 있습니다. 또 해당 페이지를 찾을 때도 종이를 몇 번이나 들추지 않아도 되어 시간이 절약됩니다.

## 명함은 데이터로 보관하면 자리를 차지하지 않는다

### 다시 볼 일이 별로 없는 대량의 명함 정리

뭉치로 쌓여 있는 명함. 인맥이 재산이라는 마음과 명함은 받아 둬야 한다는 생각 때문에 처분하지 못하는 사람이 많습니다. 그런 명함은 데이터로 보관해 두세요. 대량의 명함 속에서 원하는 명함을 찾는 작업도, 스캔한 데이터에서 명함을 찾는 작업도 번거롭기는 마찬가지.

그렇다면 자리를 차지하지 않도록 **데이터로 보관하는 방법을 추천**합니다. 가능하면 **OCR 기능을 사용하여 문자 검색을 할 수 있는 데이터로 만들어야 더 편리**합니다. 지금은 메일 검색을 하면 서명란에서 정보를 뽑아낼 수 있으므로 명함 보관 필요성은 예전만큼 높지 않습니다.

## 1 | 종이로 남길 것과 이미지 파일로 남길 것으로 분류

처분 여부를 기준으로 판단하기는 어려워도, 종이로 보관할 필요가 있는지 없는지를 기준으로 삼으면 훨씬 판단하기 쉽다.

## 2 | 모두 스캔한다

소터를 사용하거나 소터가 없으면 명함을 나란히 놓고 스캔한다. 분야와 가나다순으로 분류되어 있으면 그 그룹마다, 분류되어 있지 않으면 랜덤으로 해도 충분.

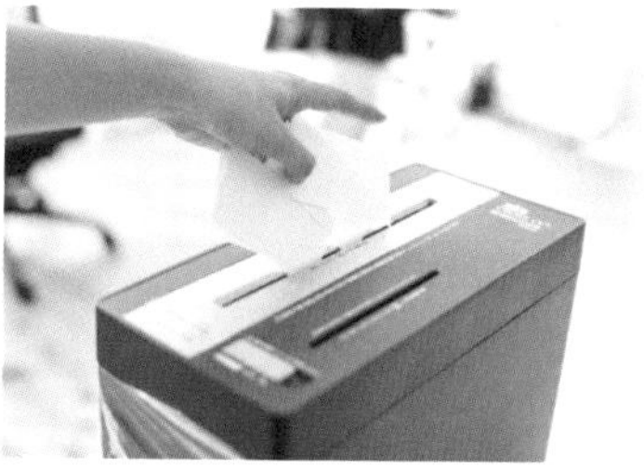

## 3 | 버리기로 결정한 명함은 세단기에

사용하지 않는 것을 처분하는 작업. 종이로 남기지 않기로 한 명함은 그 자리에서 세단기에 넣는다.

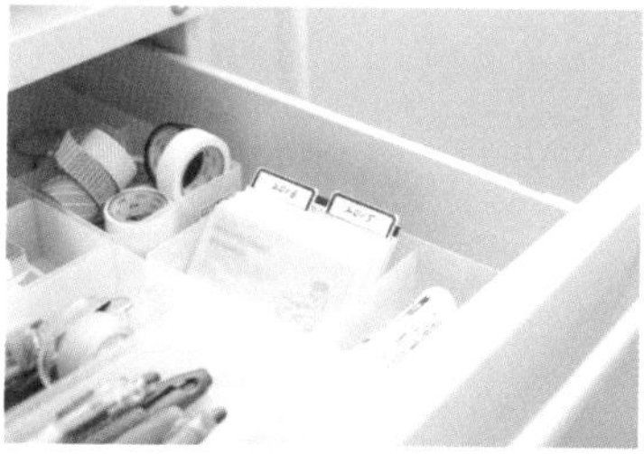

## 4 | 종이로 남길 명함은 꺼내기 쉬운 위치에

종이로 남기기로 결정한 명함은 자주 사용하는 것이니 서랍 속 꺼내기 쉬운 위치에 보관한다. 꼭 필요한 명함만 남아 있어 찾기 쉬워서 효율이 높아진다.

## 새로 받는 명함은 3단계로 정리

지금까지 받은 대량의 명함을 한꺼번에 데이터로 만들기는 힘들어도 **앞으로 받는 새 명함은 받을 때마다 데이터화하기**로 정하면 이후 명함 관리와 연락처 검색이 훨씬 편해집니다. 다양한 명함 관리 앱이 있지만 저는 **서류나 데이터를 모두 보관 가능한 '에버노트(Evernote)'를** 사용하고 있습니다.

명함을 받으면 스마트폰에서 에버노트를 실행하여 사진을 찍는 것처럼 찰칵. 유료 프리미엄판에서는 스캔한 데이터가 PDF 파일이라도 문자 검색이 가능해졌습니다. 에버노트에서 검색하면 금방 정보를 불러낼 수 있어서 저는 프리미엄판을 사용합니다.

외부 서비스 사용을 금지하는 회사에 근무하거나, 바빠서 서비스를 익힐 시간이 없는 사람은 P.37처럼 회사 스캐너로 명함을 스캔하여 컴퓨터 내 폴더에 보관하는 간단한 방법으로 관리해도 충분합니다.

MINI COLUMN

## 명함뿐 아니라 종이 자료도 에버노트로 일괄 관리

명함 관리용으로 에버노트를 선택한 이유는 종이 자료 등도 한꺼번에 관리하고 싶어서입니다. 명함만 별도 앱으로 관리하는 것보다 편리합니다. 에버노트에 입력하는 것은 메모나 이벤트 안내지, 다시 필요할 수도 있는 자료 등 다양합니다.
'스캔 스냅(Scan Snap)'이라는 스캐너를 병용하여, 대량의 종이 자료도 한꺼번에 읽어 들여서 자동으로 에버노트에 입력합니다. OCR 기능을 이용하면 내용에서 문자 검색이 가능합니다. 덕분에 무작정 보관하던 종이 메모를 부담 없이 처분했습니다.

스캔 스냅 에버노트 Edition

※ 이 모델은 판매 종료.

1 | 메모를 한다

명함을 받으면 날짜, 어떤 상황에서 만났는지, 특징 등을 메모한다.

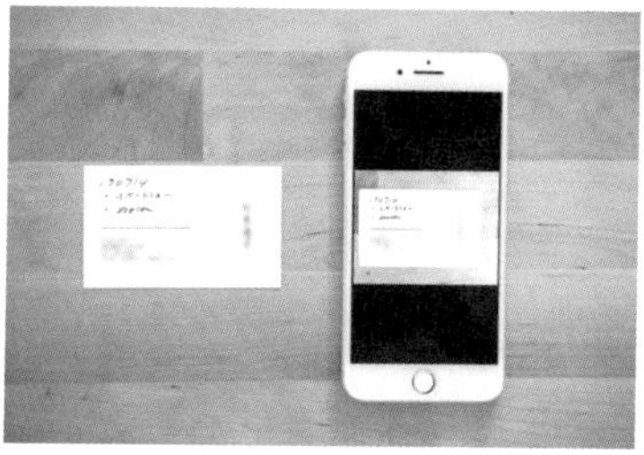

2 | 명함을 스캔한다

에버노트, 스마트폰의 명함 관리 앱, 사무실 스캐너 등으로 정보를 즉시 데이터화.

3 | 처분 또는 수납

종이로 남겨 둘 필요가 없을 때는 문서세단기로. 보관해야 한다면 서랍의 명함꽂이에 수납한다.

## 책상 정리 전
## 책상에 표어 붙이기

책상과 주변을 정리하기 전에 먼저 '무엇을 위해 책상을 정리하려고 하는지' **자신의 책상에 표어를 붙여** 봅니다. '물건을 찾기 쉬운 책상', '야근을 하지 않고 정시에 퇴근할 수 있는 책상', '매출을 올리는 책상' 등. 목표가 확실해지면 책상을 정리하는 동기 부여가 됩니다. 또 '어떻게 하면 그런 책상이 될까' 하는 아이디어도 떠오릅니다.

그 후에 책상 정리를 시작. 기본은 집에서 수납할 때와 마찬가지로 먼저 전부 꺼내는 것입니다. 자주 사용하는 물건, 현재 진행하는 작업과 관련된 물건일수록 빨리 꺼낼 수 있고 다시 넣기 쉬운 장소에 둡니다. **눈을 감고도 무엇이 어디 있는지 파악할 수 있는 상태로 만들어놓으면 정말 편리합니다**. 오른손잡이라면 오른쪽에 필기구를 두는 식으로 걸리적거리지 않고 움직일 수 있는 동선을 생각하는 것도 중요합니다.

# 책상 위와 발치

**POINT 1**

## 책상 위의 서류는 현재 진행 중인 것만

책상 위에는 '지금' 자주 사용하는 현재 진행 중 서류를 넣은 파일박스만 둡니다. 금방 손이 닿도록 주로 사용하는 손 쪽을 제자리로.

**POINT 2**

## 전화는 주로 사용하는 손 반대쪽에

전화를 하며 메모를 할 때도 있으므로 주로 사용하는 손 반대쪽에 전화를 놓고 그쪽 손으로 전화를 받도록 습관을 들이면 효율적입니다.

**POINT 3**

## 좋아하는 아이템으로 장식한다

책상은 일을 하는 공간이지만 오래 머무르는 장소이므로 실용성만 따지면 너무 삭막하지요. 기분이 좋아지는 소품을 가져다 놓으면 즐겁게 일할 수 있습니다.

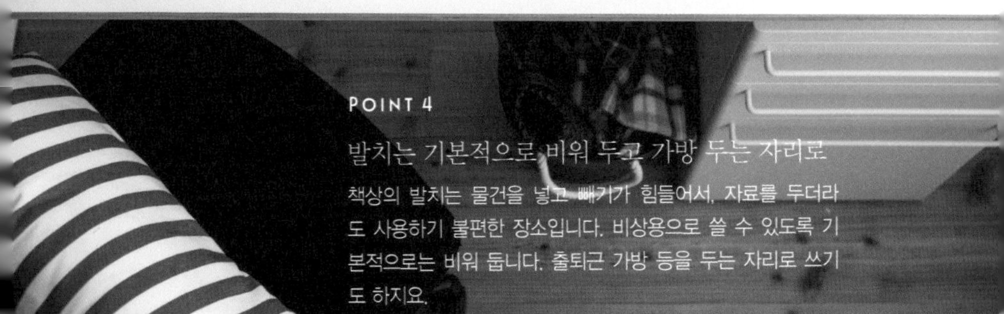

**POINT 4**

## 발치는 기본적으로 비워 두고 가방 두는 자리로

책상의 발치는 물건을 넣고 빼기가 힘들어서, 자료를 두더라도 사용하기 불편한 장소입니다. 비상용으로 쓸 수 있도록 기본적으로는 비워 둡니다. 출퇴근 가방 등을 두는 자리로 쓰기도 하지요.

# 서랍 속

## 서랍 상단

자주 사용하는 물건일수록 앞쪽에 두면 서랍을 조금만 당겨도 넣었다 뺐다 할 수 있으니 시간이 절약되지요. 사용하지 않는 문구는 공유 공간에 다시 가져다 놓으면, 책상 서랍에서 필요한 것을 금방 꺼낼 수 있습니다.

## 서랍 중단

화장품 파우치, 칫솔, 간식 등 개인 물품을 넣는 장소로 정합니다. 업무용 물품과 섞이지 않으니 특별히 관리할 필요가 없어서 막 넣어도 OK.

## 서랍 하단

보관 서류 등을 수납하는 서랍으로 사용합니다. 서류를 겹쳐서 쌓으면 꺼내기 어려우니 파일박스에 넣어서 세우는 방법을 추천합니다. 의자에 앉은 채로도 잘 보이는 위치(상자 속 안쪽)에 라벨을 붙여 두면 편리해요.

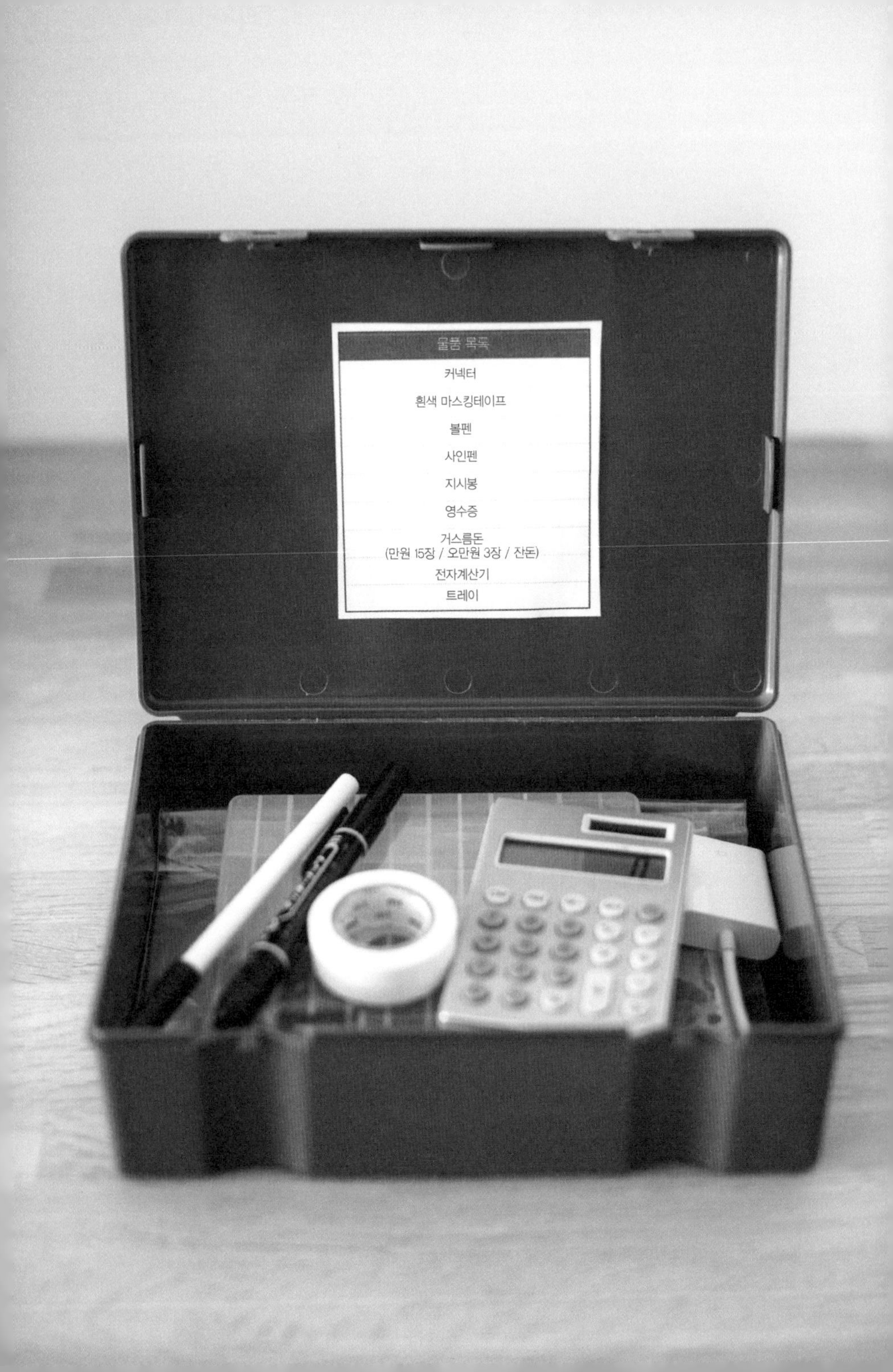
물품 목록
커넥터
흰색 마스킹테이프
볼펜
사인펜
지시봉
영수증
거스름돈
(만원 15장 / 오만원 3장 / 잔돈)
전자계산기
트레이

# 정기적인 작업은 사용하는 물품을 한 곳에 정리

출장이나 점포 판촉 행사. 필요한 물품은 거의 정해져 있습니다. 그런데 매번 하나씩 떠올리며 서랍이나 사물함에서 필요한 물건을 찾는다면 그 일이 하기 싫어집니다. 몇 년에 한 번 하는 일이라면 그렇게 해도 상관없겠지요.

하지만 정기적인 활동이나 어느 정도 반복되는 작업이라면 **사용하는 물품을 한데 모아서 전용 상자를 만들어 두세요.** 준비에 걸리는 시간을 줄일 수 있습니다. 왼쪽 사진처럼 상자에 들어 있는 물품을 메모하여 상자에 붙여 두면 빠진 것이 없나 확인하기도 쉽습니다.

'전자계산기와 접착테이프는 평소에도 사용하는데.' 이럴 때는 그 세트를 위해서 추가 구입하는 것도 좋은 방법입니다. 물론 얼마나 자주 사용하느냐에 따라 다르지만 물품의 **추가 구입 대금으로 준비에 걸리는 시간을 샀다**고 생각할 수 있겠지요.

## ‘주 1회 15분 정리정돈’으로 업무 효율 높이기

‘시간이 나면 정리해야지.’라고 생각하면 자꾸 미루게 됩니다. 바빠질수록 물건이 쌓이고 찾기도 힘들어서 업무 효율이 떨어집니다. 그러므로 정기적으로 시간을 내서 정리하는 것이 좋습니다.

저는 월요일 점심시간 후 15분 동안을 ‘정리 타임’으로 정했습니다. 주초 오전은 바쁘고 퇴근 전은 대개 어수선합니다. 점심시간 후는 비교적 시간을 내기 쉬워서 월요일 점심 이후로 정했습니다.

**스마트폰의 ‘리마인더(미리 알림)’ 기능을 설정해 두고 알람이 울리면 정리 시작.** 자료&문구, 파일박스, 업무용 가방 속, 컴퓨터 휴지통 비우기, 여기까지가 한 세트입니다. 업무에 따라 적당한 시점은 각자 다르니 일주일 중 비교적 시간 여유가 있을 때를 정리 타임으로 정합니다. **정기적으로 정리하면 책상을 쾌적한 상태로 유지**할 수 있습니다.

# 연 2회 '대청소와 정리 타임'

주 1회 정리 타임으로는 쉽게 깔끔해지지 않고 어느 정도 시간을 들여야 가능한 정리가 있지요. 대규모 서류 정리, 공용 공간 정돈, 평소에는 손길이 미치지 않는 청소(책상 전체와 의자까지 꼼꼼하게 닦기 등)에는 연 2회 정도 '대청소와 정리 타임'이라고 이름을 붙여서 시간을 내 보세요.

'이 안건이 마무리되면 정리할 거야.' 이런 생각으로 일하다 보면 아무래도 자꾸 미루게 됩니다. **정리해야 한다고 생각하며 일을 계속하면 마음이 무거워질 뿐입니다.** 업무 흐름과 진행 상황을 참고해서 **미리 '대청소와 정리 타임' 일시를 정해 연간 스케줄에 포함**시키면 깔끔. 혼자서 하기 어려울 경우에는 동료와 같이 하는 것도 시도해 보세요.

리포트

# 책상 정리 고민 해결!

책상 정리로 고민하는 이의 사무실을 방문하여 고민을 들어 보고, 물건의 취사선택에서 수납까지 함께 '책상 정리하기'에 도전했습니다.

K 씨

DATA

도쿄 도내에 있는 출판사에서 근무. 이 회사의 편집부에서 일한 지 13년차. 1년에 책 8~12권을 담당한다. 언제나 여러 권을 병행하여 작업을 진행하기 때문에 종이 자료가 많고 과거 자료도 쌓여 있어서 정리 시점을 고민하고 있다.

## K 씨의 책상 Before

### 매일 하는 업무에 대해

Emi 어떤 일을 하는지요?
K 여성 실용서를 편집하고 있어요.
Emi 연간 몇 권 정도의 책을 담당하나요?
K 8~12권이에요. 모두 동시에 진행하기 때문에 종이 자료가 계속 쌓이기만 해요. 작업이 끝난 책의 자료도 어느 정도 기간은 보관해두어야 해요. 그러다 보면 정리할 시점을 놓쳐 좀처럼 처분하기 힘들어요.

### 책상 정리에서 어려운 점은?

Emi 지금 책상에서 고민스러운 점이 있나요?
K 책상 옆에 공간이 있어서 책꽂이를 놨는데, 안쪽 물건을 꺼내기 어려워서 결국 물건을 바꿔 넣지 못하고 있어요. 이 책꽂이를 포함하여 책상 전체 공간을 효율적으로 사용해야겠다고 느끼는 중이에요. 또 분량이 많은 과거 자료도 처분하지 못하고 있는 상황이고요. 책상 밑에 넣어 두면 걸리적거리지 않으니까 상관없겠지, 하는 생각도 듭니다.
Emi 매일 바쁘면 정리는 뒤로 미루게 됩니다. 주 1회 시간을 정해서 정기적으로 정리해 보세요.

책상 옆에 둔 책꽂이.

### 책상에 표어를 붙인다

Emi 정리한 후의 책상에 목표 표어를 붙인다면 무엇으로 할까요?
K 공간을 쓸모있게 활용할 수 있는 책상?
Emi 책상을 유용하게 활용하여 어떤 식으로 일을 하고 싶은지, 자신은 어떻게 되고 싶은지, 그런 표어를 붙이면 좋은데요.
K '시간을 절약할 수 있는 책상'일까요?
Emi 시간을 절약할 수 있으면 무엇을 하고 싶으세요? 그 점이 확실해지면 그냥 보기 좋게만 정리하는 것이 아니라 그 후의 목표를 위해 정리할 수 있어서 힘이 나지요. 그러니 자신의 언어로 이야기해 봅시다!
K 음, 언제나 마감에 쫓기고 있으니까 '마감에 휘둘리지 않는 책상'으로 하고 싶어요.

목표
'마감에 휘둘리지 않는 책상'을 만들자.

## 책상 정리의 4단계 START!

### 1 | 한 군데씩 물건을 전부 꺼낸다

정리의 기본은 전부 꺼내기. 서랍을 하나씩 빼서 물건을 전부 꺼내는 것부터 시작합니다. 봉투에 담긴 물건도 전부 꺼냅니다.

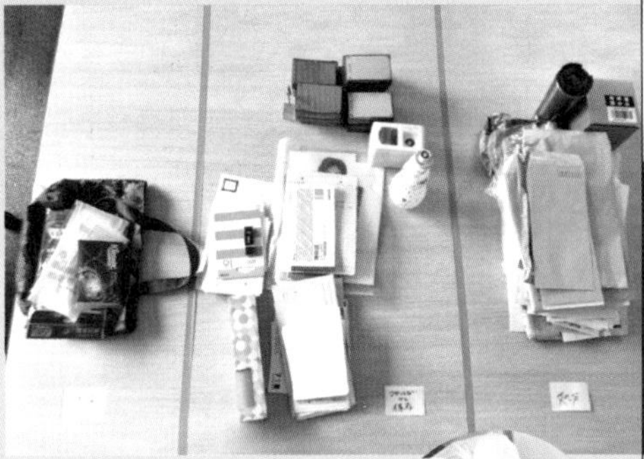

### 2 | 물건을 분류한다

사용하고 있는 물건(왼쪽), 앞으로 사용할 물건이나 추억 때문에 버릴 수 없는 물건(가운데), 불필요 = 처분할 물건(오른쪽)으로 분류. 모든 서랍에서 이 과정을 되풀이합니다.

### 3 | 그룹마다 대충 정리한다

분류한 물건을 그룹으로 묶고 파일박스 등에 임시로 넣어 전체 분량을 파악합니다. K씨는 기획하고 있는 책(안건)마다 상자를 마련하기로 했습니다.

### 4 | 사용하기 편하게 수납한다

분류가 끝난 뒤에 부족한 수납용품을 사서, 사용하는 빈도에 따라 서랍 위아래, 안쪽, 앞쪽 등 사용하기 편하도록 물건을 수납합니다.

## '마감에 휘둘리지 않는 책상' 드디어 완성!

Before

산뜻!
사용하기 편한
책상으로 변신!

After

안건마다 종이 자료를 파일박스에 분류하고, 책상 옆 책꽂이도 사용하기 편하게 놓았습니다. 물건을 찾는 시간과 넣고 빼는 시간이 대폭 줄었습니다. 날마다 '물건이 쌓이기만 하는 책상'에서 '마감에 휘둘리지 않는 책상'으로 대변신.

## K 씨의 책상 After

책상 위

책상 위에는 자주 사용하는 서류를 둡니다. 가장 왼쪽에 빈 클리어파일만 넣은 박스도 준비하여 당장 사용할 수 있는 상태로 만들어 분류가 편해졌어요.

정면 서랍

의자를 뒤로 빼서 몸을 움직이지 않으면 여닫기 어려운 서랍이므로 날마다 사용하는 물건 말고 정산용 영수증이나 전자계산기, 도장, 청구서 등을 수납.

책상 옆

원래 사용하던 책꽂이는 안쪽에 있는 물건을 꺼내기 힘들었어요. 가방 두는 자리로 사용하던 책꽂이와 자리를 바꿨습니다. 안건마다 박스를 마련하고 라벨은 손글씨로 간단하게 적었어요. 책꽂이 안쪽에 공간이 남더라도 박스는 앞쪽을 기준으로 가지런히 맞추는 것이 포인트.

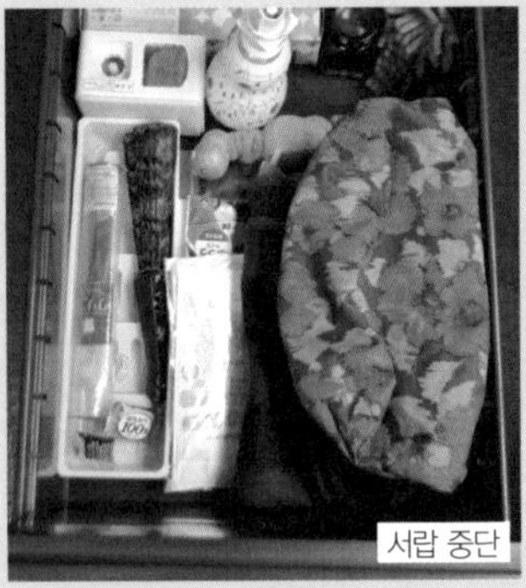

서랍 중단

도시락 주머니, 약, 칫솔 세트, 간식 등 업무 이외의 개인 물품이 이쪽저쪽 서랍에 분산되어 있어서 여기에 모았습니다.

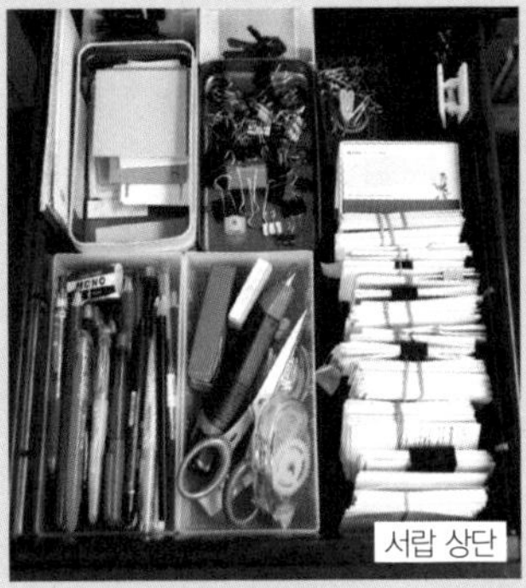

서랍 상단

안쪽에 들어 있던 문구는 앞쪽으로 이동하여 서랍을 전부 열지 않아도 넣고 뺄 수 있도록 합니다. 명함은 파일에 넣으면 비슷한 종류끼리 이어서 넣기 어려우니 카테고리별로 모아서 고무줄로 고정합니다.

처분하지 못하는 보관 물품 중심으로 수납했습니다. 과거 취재 노트, 추억거리, 사용하지 않지만 보관하고 싶은 명함 등. 분류 라벨은 의자에 앉았을 때 잘 보이는 위치(상자 속 안쪽)에 붙입니다.

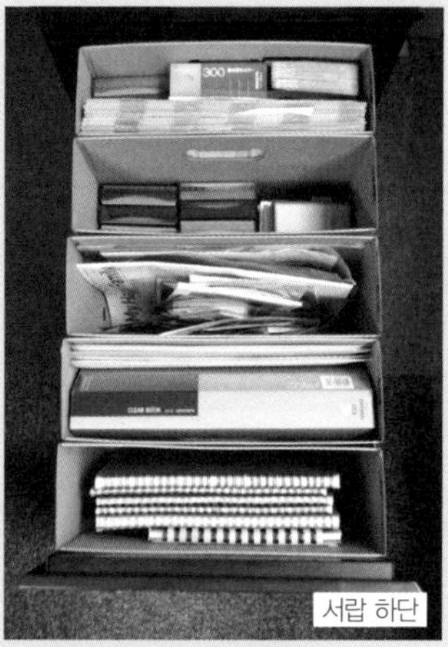

서랍 하단

책상 아래

보관 물품 중 서랍 하단에 수납한 물건보다 사용할 가능성이 더 낮은 물건을 책상 아래에 둡니다. 회사 종이봉투 등에 넣지 말고 제대로 박스를 준비하여 담습니다.

책꽂이

서류를 보관했던 책꽂이를 바깥쪽으로 이동하여 가방을 두는 자리로.

2주 뒤

## 그 후 책상을 사용해보니 어떤가요?

덕분에 아주 편해졌어요! 가장 좋은 것은 책상 옆에 설치한 책꽂이예요. 원래 그 자리에 있던 책꽂이를 바깥쪽으로 꺼내고 바깥쪽에 있던 가방 수납용 책꽂이와 맞바꾼 것이 정말 좋은 아이디어였어요. 제대로 사용하지 못하던 공간이 멋지게 살아났답니다. 1분야 1상자로 하니 정리하기도 쉽고 서류를 꺼내고 넣는 시간이 상당히 줄었어요. 그리고 파일박스를 앞쪽이 가지런하도록 정리한 점에 감탄했습니다. 쓸데없이 박스 앞에 물건을 두지 않게 됐답니다.

COLUMN

## 아이들에게 일 이야기를 한다

"엄마는 언제나 열심히 일해서 멋져요. 그렇게 일을 잘하는 사람은 엄마밖에 없을 거예요. 앞으로도 열심히 하세요." 어머니날에 딸한테 받은 편지에 이렇게 쓰여 있었습니다. 완전히 일 이야기뿐(웃음)!

저는 일을 좋아합니다. 물론 늘 일이 즐거운 것은 아니지만 진심으로 이 일을 선택하기 잘했다고 생각합니다.

초등학교 2학년이 되는 쌍둥이에게 평소에도 자주 일 이야기를 합니다. 고객에게 칭찬받아서 기뻤던 이야기, 스태프들과 열심히 일하고 있는 이야기, 실패한 이야기, 곤란한 이야기도요. 아이들이 엄마의 일을 이해해주었으면 하는 마음도 있지만 그냥 아이들에게 제 일상을 이야기해주고 싶어요. 물론 아이들도 학교 친구 이야기, 쉬는 시간에 논 이야기, 선생님한테 야단맞은 이야기(!)까지 해 줍니다.

돌아보면 '부모니까 좋은 점을 보여야 해.' 이렇게 생각하기보다 제가 실패한 이야기도 털어놓았기 때문에 아이들도 스스럼없이 이야기해 주는 것 같습니다.

참, 어머니날에 아들이 준 편지에는 "엄마, 언제나 맛있는 음식 만들어 줘서 고마워요. 또 만들어 주세요!"라고 쓰여 있었습니다. 다행이지요. 밥 이야기도 쓰여 있었어요(웃음)! 앞으로도 일, 육아, 살림을 균형있게 해 나가고 싶습니다.

# CHAPTER 2

# 시간 관리 아이디어

# 01 성공한 프로젝트의 스케줄 활용하기

'이번 프로젝트는 스케줄이 순조롭게 진행되고 결과도 기대 이상이었어!' 그렇게 잘 진행된 안건이 있다면 한번 돌아보는 시간을 마련합니다. 보통은 좋지 않았던 점을 반성하고 그것을 개선하려고 하는 경우가 많습니다. 하지만 **일이 잘 되었을 때야말로 그 상황을 돌아보고 왜 잘 됐는지를 생각**해 보세요. 그 이유를 알면 다음번에 또 적용할 수 있으니까요.

- 평소보다 초반에 집중해서 일단 해치웠기 때문에.
- 혼자서 일을 안고 있지 않고, 도중에 동료들의 의견을 들었기 때문에.
- 의뢰만이라도 서두르자고 생각해서 꽤 앞당겨 발주했기 때문에.

이런 식으로 분석해 보면 앞으로도 이런 방식으로 일할 수 있습니다. 경험이 쌓여서 자연스럽게 그렇게 일하는 사람도 많겠지만, 무엇이 좋았는지 확실하게 **이유를 찾아내면, 다음에도 기억하고 실천할 수 있으므로** 도움이 되어 효과가 높아집니다.

예를 들면, 되도록 업무를 세분화하여 스케줄을 짜는 것입니다. 회사원 같으면 '기획서 작성 – 3일'이라고 사흘에 걸쳐 스케줄을 정하지 말고 '자료가 될 책

모으기', '유사한 기획 사례 찾기', '과거 담당자와 사전 의논', '컴퓨터로 서식 정리'처럼 일을 쪼개서 '며칠 오전에는 이것, 오후에는 저것' 식으로 할당합니다. 세분화한 업무를 하나씩 처리하면 진척 상황도 알기 쉽고 그때마다 성취감도 느낄 수 있어서 원활하게 진행됩니다.

연초에 장기 휴가 일정을 정하는 것도 효과적인 스케줄의 예입니다. 연초에 여름 휴가를 낼 시기를 미리 정하고 3월에 비행기도 호텔도 예약 완료. 일찌감치 정해 놓았기 때문에 일찍부터 휴가를 대비하여 업무를 처리할 수 있지요. 동료에게 폐를 끼치지도 않고 일이 늦어지지도 않아 즐거운 여름 휴가를 보낼 수 있습니다. 회사에 다닐 때부터 지금까지 실천하고 있는 습관입니다.

# 02 디지털 달력으로 스케줄 공유

몇 년 전부터 종이 스케줄러를 쓰지 않고 디지털 달력을 사용하고 있습니다. 컴퓨터와 스마트폰 양쪽에서 확인할 수 있어서 좋고 가장 큰 장점은 상사나 동료(제 경우는 스태프)와 스케줄을 공유할 수 있다는 점입니다. 그래서 스케줄에는 **외출이나 회의 일정뿐 아니라 할 일까지 구체적으로 입력**합니다. 워킹맘은 갑작스럽게 아이가 아파서 휴가를 내야할 때도 있는데 그럴 경우 상사와 동료가 업무 진척 상황을 확인할 수 있으니 안심이지요.

먼저 출근 시간, 퇴근 시간을 입력합니다. 이동 시간을 시각적으로 의식할 수 있어서 능동적으로 움직일 수 있어요. 동료에게도 부재 시간을 자연스럽게 알려서 회의 일시 결정 등이 순조로워집니다. **어린이집 참관 등 사전에 계획되어 있는 휴가 일정도 입력**해 두면 동료가 파악할 수 있어 업무 스케줄을 짜는데도 도움이 됩니다.

2017年7月
10日(月)
11日(火)
12日(水)
13日(木)
14日(金)
MacBook Air

# 03 종이 스케줄러는 분리형 수첩 추천

다른 사람과 스케줄을 공유하지 않아도 되는 사람이나 디지털 달력이 성향에 맞지 않는 사람도 있겠지요. 종이 수첩 중에서는 제가 오래 사용한 분리형 수첩을 추천합니다. 분리형 수첩은 먼슬리와 위클리 스케줄이 위아래에 있고 각각 따로 넘길 수 있어서 **월간 스케줄과 주간 스케줄을 동시에 확인할 수 있는** 뛰어난 제품입니다. 일을 할 때는 몇 개월 후를 보며 현재 스케줄을 결정할 때가 많은데 이 수첩은 양쪽을 살피기 쉬워서 편리합니다.

저는 꼭 먼슬리 부분에 **업무일을 형광펜으로 표시**해 놓습니다. 휴일을 제외하고 실제로 일할 수 있는 날을 시각적으로 인식할 수 있어서 '한 달 남았다고 생각했는데 실은 18일밖에 없네.' 하고 스스로 자극이 되는 효과가 있지요. **타임 스케줄 쪽에는 출퇴근 시간도 표시**합니다. 이 시간 안에 일을 끝내야 해서 효율적으로 일할 수 있습니다.

Item no.003
캔버스 다이어리 A5 먼슬리&위클리
분리형 ¥1600+소비세 / 고쿠요

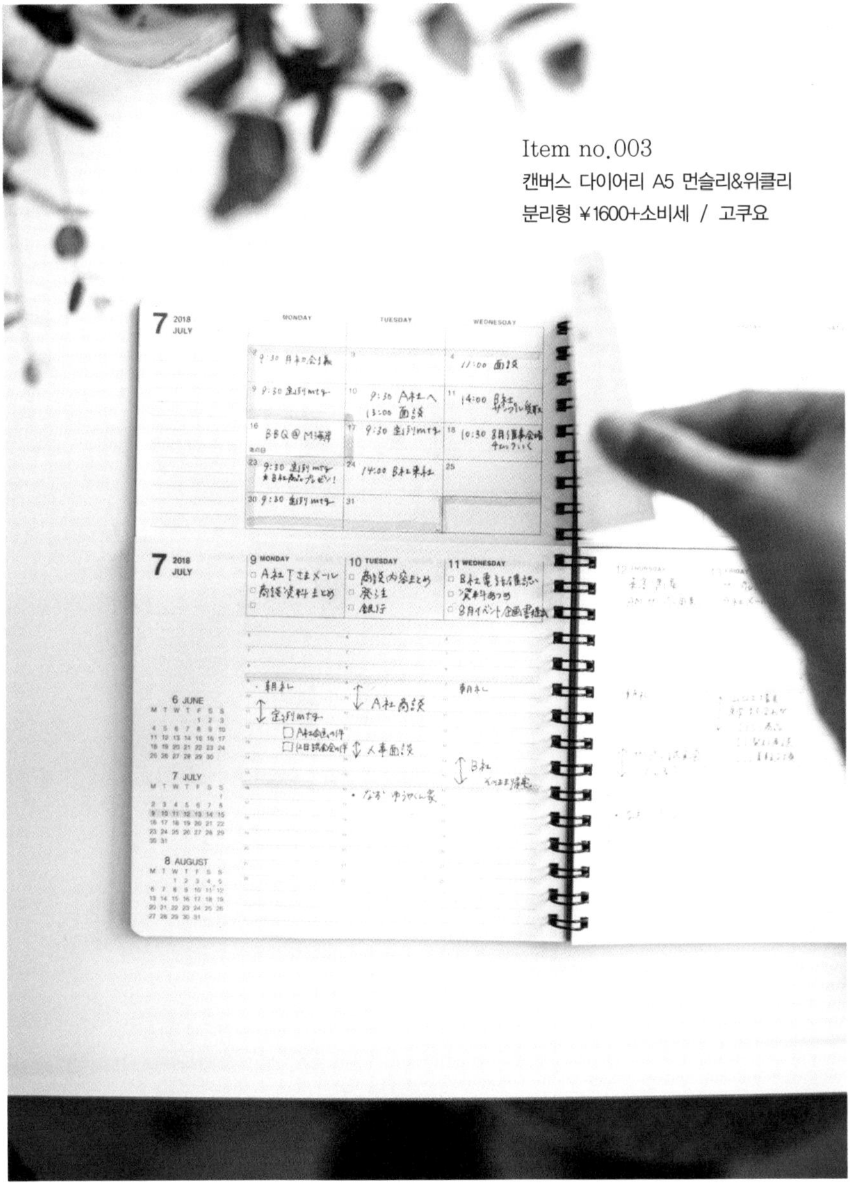

# 04 '일요일 밤 5분'만 활용하면 월요일 아침이 편해진다

'이번 주는 시작이 좋았어.' 하고 느꼈을 때 왜 그런가 돌아보았어요. 공통점이 있었습니다. 바로 일요일 밤에 5분 정도 시간을 내서 다음 날 스케줄을 체크하고 그 주에 해야 할 일을 우선순위를 매겨서 써 본 것입니다.

반대로 아무런 준비도 없이 출근하면, 월요일 아침부터 '아, 이번 주 할 일이 뭐였더라?' 하고 생각하는 사이에 거래처에서 연락이 오고 동료들이 말을 걸어서 허둥지둥 업무 개시.

업무 순서를 정리하지 못한 채로 시작하니 급하지 않은 일부터 시작하거나 마감이 닥친 안건인데 손도 못 대기도 합니다. 결과적으로 야근을 하거나 집에 일을 싸들고 가는 등 비효율적으로 흘러갑니다.

이런 경험을 몇 번 하는 사이에 **'5분으로 한 주의 성과가 바뀐다!'**는 확신이 생겼습니다. 그래서 일요일 밤에 5분만 시간을 내서 다음날부터 시작할 한 주의 업무를 정리하는 습관을 들였습니다. 단 5분이지만 미리 준비하는 것과 하지 않는 것은 '일의 원활함'에서 전혀 다른 결과를 가져옵니다.

한 주 동안의 업무를 미리 살펴보면 주 후반에 하려던 업무에 할당할 시간을 월요일 정도밖에 낼 수 없다는 사실을 깨닫기도 합니다. 또 월요일 아침에 하려던 일에는 아직 여유가 있고 더 빨리 해야 할 일이 따로 있다는 것을 알게 되기도 합니다.

마음의 여유가 있는 시간이라 더욱 냉정하게 판단할 수 있으므로 **일요일 5분은 월요일 아침부터 즉시 일에 착수하기 위해 중요한 시간**이 되었습니다.

일요일까지 일에 대해 생각하고 싶지 않은 사람은 월요일 아침 지하철 안이나 금요일 귀가 전 등에 그 시간을 만들어도 좋습니다.

# 05 회사에 도착하면 오늘 할 일 선언하기

저는 오전 미팅을 할 때 오늘 할 제 업무 내용을 스태프에게 선언하고 있습니다. 이것은 저뿐만 아니라 다른 스태프도 마찬가지입니다.

함께 일하는 사람끼리 서로 지금 어떤 업무를 맡았고 오늘은 무엇을 하는지 파악하는 것은 업무를 원활하게 수행하고 좋은 결과를 내기 위해 필요하다고 생각하기 때문입니다. '○○ 씨가 오늘은 많이 힘들 것 같은데 나는 조금 여유가 있으니까 거들자.' 하는 마음이 들거나 반대로 "오늘은 할일이 꽉 차 있어요." 하는 식으로 소소한 어필을 하기도 하지요. 팀으로 일하기 때문에 생겨나는 긍정적인 효과입니다.

또 한 가지 큰 이유가 있는데, **자기 자신에게 압박을 가한다**는 의미가 포함되어 있습니다. 오늘 자신이 해야 할 일을 소리 내어 말함으로써 '꼭 해야 해.', '반드시 마쳐야 돼.' 하고 자신에게 힘을 불어넣을 수 있고 '오늘 하겠다.'는 마음을 유지할 수 있습니다.

이것은 팀으로 일을 하지 않아도 효과가 있으므로 옆자리 동료에게 선언하는 것만으로도 의미가 있습니다.

"오늘은 ○○ 이벤트 때문에 전단지 작성을 하려고요."

"쌓여 있는 정산 작업을 끝내겠습니다."

"오늘은 ○○ 씨에게 부탁받은 자료 작성, △△ 씨의 프레젠테이션을 위한 파워포인트를 만들려고 해요."

이런 식이지요.

한 번 **선언하면 왠지 열심히 할 수 있다는 느낌**이 듭니다. 제 수납 강의에서도 수업이 끝날 때쯤 수강생들에게 "다음번까지 ○○ 정리에 힘쓰겠어요." 하고 선언하도록 하는데, 다음 수업에서 수강생들의 보고를 들으면 확실히 효과가 있습니다.

소리를 내어 선언할 상대가 없는 사람은 할 일 목록을 보며 '오늘은 이것을 반드시 마쳐야지.' 하고 형광펜으로 표시하기만 해도 집중하는 정도가 달라집니다.

# 06 하루를 '오전, 오후, 저녁' 3가지 시간대로 생각하기

저는 어떤 일이든 해야 할 일을 구체적으로 나눠서 생각하려고 합니다. '하루에 이것을 전부 한다'는 식으로 스케줄을 짜지 않고 '오전에는 이것, 오후에는 저것', 이런 식으로 일을 배정하지요.

이렇게 생각하게 된 것은 제가 하루종일 똑같은 일을 하지 못하는 스타일이기 때문입니다. 그래서 **업무 시간을 '오전, 오후, 저녁', 이렇게 3가지 시간대로 나눠서 각각 다른 업무를 할당**합니다. 그러는 편이 집중이 잘 되어서 업무 밀도가 높아지고 결과도 더 좋아집니다.

사람마다 다르겠지만, 저는 생각하는 종류의 작업을 8시간 동안 계속하지 못합니다. 그래서 생각하는 작업, 예컨대 원고를 쓰거나 강의 골격을 짜는 등의 작업은 이른 오후에 하기로 정해 두었습니다. 오전에는 회의나 외출, 메일 답신과 전화 등의 일을 하고 있어서 오후에 더 차분하게 생각에 집중할 수 있습니다.

반대로 저녁 시간대는 머리도 지친 상태이니 서류 정리나 정산 등 머리를 많이 쓰지 않고 기계적으로 할 수 있는 일을 중심으로 배분합니다. 덧붙여서 정해진 시간 내에 해당 업무가 끝나지 않더라도 일단 마치고 다음 일을 합니다. 그렇게 해서 분위기를 전환하는 방법도 쓰고 있습니다.

머리가 개운한 오전에 '생각하는 일'의 진도가 잘 나간다는 사람이 있는가 하면 메일 답변이나 사람을 만나는 일은 뇌의 워밍업이 끝난 오후 초반이 적합하고 효율이 좋다는 사람도 있습니다. 사람의 성격과 업무 내용에 따라 배분은 달라집니다. 하지만 하루를 **3가지 시간대로 나누고 그 시간대에 적합한 업무를 의식적으로 할당하면 생산성이 올라간다**는 사실은 대다수 사람에게 해당됩니다.

자신에게 알맞은 업무 배분 방식을 잘 모르겠을 때는 '일의 진척 상황이 아주 좋았어!' 싶은 날의 업무 배분을 꼭 검증해 보는 것이 좋습니다. 아침에 첫 번째로 뭘 했는지, 아웃풋 업무가 원활하게 마무리된 것은 그 일에 몰두한 시간대가 좋았던 게 아닌지 체크해 보세요. 분명 자신에게 알맞은 업무 시간 배분을 찾을 수 있을 겁니다.

# 07 일시 결정은 가능하면 주도권 잡기

일을 하다 보면 메일로 일시를 결정하는 상황이 생깁니다.

A "그 안건으로 9월에 만났으면 하는데 언제쯤이 좋으신가요?"

B "20일과 25일 이외에는 언제든 괜찮습니다."

A "그럼 23일, 24일은 어떠세요? 원하는 시간은 있으신지요."

B "오전 중이 좋지만 맞출 수 있어요."

A "제가 24일 오전은 어려우니 23일 오전은 어떠신가요?"

B "그럼 23일 오전 10시부터 만나면 어떨까요. 장소는 어디가 좋으세요?"

상대를 배려하여 그쪽에서 선택하게 하려고 애쓰다가 몇 번이나 메일이 오가는 예입니다. 이렇게까지 길어지는 경우는 별로 없다 해도, 정할 때까지 메일을 여러 번 주고받는 일은 흔하지요. 저는 **짧은 대화로 일시를 정할 수 있게, 가능하면 주도적으로 미팅 메일**을 쓰려고 합니다.

A "그 안건으로 만났으면 하는데 9월 25일, 26일쯤은 어떠신가요? 괜찮으시다면 오전 10시에 '○○ 카페'에서 뵙고 싶습니다. 혹시 이틀 모두 어려우시면 원하는 일시를 알려 주실 수 있는지요."

B "이틀 모두 어렵지만 24일은 하루 종일, 27일은 오후가 괜찮습니다."

A "그럼 24일 오전 10시에 '○○ 카페'에서 뵙겠습니다."

짧은 메일이라도 여러 번 주고받다 보면 시간이 꽤 걸립니다. 처음에 어느 정도 일시와 장소를 좁혀서 제안하면 상대편도 예 또는 아니오로 답하기 쉽고, 안 될 경우라도 구체적인 일시를 답변해 줄 확률이 높아집니다. 서로 그런 식으로 한다면 확실히 메일이 오가는 횟수가 줄어듭니다.

참고로 **후보 날짜가 여러 개 있으면 저는 반드시 이른 쪽 날짜**를 선택합니다. 업무를 앞당겨서 할 수 있어서 성과를 올리고 있다는 실감이 나기 때문이지요.

# 08 바이오리듬에 맞춰서 한 달 계획하기

한 달 중에서도 상태가 좋을 때와 저조할 때, 그런 주기가 있지 않나요? 여성 특유의 신체 사이클 영향으로 어느 정도 몸 상태의 주기가 정해져 있는 사람이 많을 겁니다. 제 경우는 월 전반보다 후반에 컨디션이 좋습니다. 전반에는 이유 없이 짜증이 나고 사소한 일도 잘 되지 않는다고 느끼는 반면, 몸 상태가 좋은 후반에는 피부 상태도 좋아서 자신감 있게 사람을 만날 수 있습니다.

자신의 사이클을 알고 있으면 **컨디션에 휘둘리지 않도록 한 달 중의 업무 배분도 능동적으로 고려**할 수 있습니다. 물론 몸 상태에 관계없이 해야 하는 일이나 스케줄은 있기 마련입니다. 그래서 몸 상태만 고려할 수는 없지만, 스스로 스케줄을 조절할 수 있는 업무는 컨디션 주기를 의식하면 한층 원활하게 수행할 수 있습니다.

예를 들어 저는 컨디션이 좋은 월 후반에 외출을 동반하는 회의, 세미나 등 밖에 나가거나 남 앞에 서는 일을 중점적으로 넣습니다. 전반에는 사내 회의와 원고 집필 등 사내에서 차분하게 집중해야 하는 일 중심으로 배정합니다.

언뜻 보기에는 제멋대로 구는 것 같지만, 몸 상태 때문에 남에게 피해를 주지 않고 업무의 질을 최대한까지 끌어올리고 싶습니다. **예측 가능한 컨디션 주기를 의식하여 스케줄을 짜면 도움이 됩니다.**

MON. TUE. WED. THU. FRI. SAT. SUN.
1 2 3 4 5
6 7 8 9 10 11 12
전반…사내에서 차분하게 집중할 업무 중심으로 넣는다
13 14 15 16 17 18 19
20 21 22 23 24 25 26
후반…외부에서 처리해야 할 업무를 적극적으로 넣는다
27 28 29 30 31

## 09 반복되는 업무는 시간을 계산해 두기

지금 하고 있는 일이 있습니다. '이 정도 분량이면 오늘 하루 열심히 하면 끝나겠군.'과 '어느 정도 걸릴지 모르니까 어쨌든 서둘러야겠다.' 그때그때의 기분으로 집중하여 어느 쪽이든 하루 안에 끝냈다고 해 봅시다. 어느 쪽이 나을까요? '결국 똑같다면 둘 다 괜찮지 않나?'라고 생각하나요?

전자의 경우, 끝나는 시간을 예측할 수 있어서 마음이 편하고 초조하지도 않습니다. 업무 하나 하나를 평상심으로 마칠 수 있어서 실수도 적습니다. 하지만 후자의 경우, 오늘 내로 끝날지 잘 모르니까 일하는 동안 계속 마음이 초조해지거나 일처리가 엉성해지기도 합니다.

내일 반드시 해야 하는 일을 먼저 끝내는 게 나았을지도 모르겠다며 일의 순서로 머리가 꽉 차서 실수를 깨닫지 못하기도 하지요. 하루 만에 끝내서 똑같은 것 같지만 실은 결과가 크게 다릅니다.

똑같은 일을 반복하게 될 때면 그 **일에 걸리는 시간을 반드시 계산**해 봅니다. 포장 작업이라면 30분이 지난 시점에서 몇 개 완료했는지 세어서, 남은 작업을 끝내는 데는 몇 시간이 걸리는지 어림잡아 봅니다. 최종적으로 100개를 포장하는 데는 몇 시간 걸린다는 것을 입력해 둡니다. 블로그에 포스팅하는 데 걸리는 시간도 계산합니다. 평균 30분이라는 것을 알면 스케줄을 짤 때 30분만큼 할당하여, 급하게 글을 쓰거나 반대로 다음 예정까지 어중간하게 시간이 남는 일도 없어집니다.

별 생각 없이 이 정도쯤 하는 느낌으로 어림잡지 말고 제대로 계산을 하는 것이 중요합니다. 사람은 실제 걸리는 시간보다 넉넉하게 어림잡는 경향이 있습니다. 실제로는 4시간이면 끝나는 일을 대충 6시간 정도로 계산하는 거죠. 그러면 도중에 게으름을 피우거나 빨리 끝나서 짬이 생기니 그 무료함을 달래려고 합니다. 정기적인 업무일수록 **걸리는 시간을 확실하게 계산해두면 허비하는 시간이 생기지 않으니** 한 번 제대로 타이머를 들고 일에 몰두해 보세요.

# 10 100%가 아니어도 중간 단계에서 의논하기

전 직장에서 인테리어 상품 기획 업무를 맡고 있을 때, 아등바등 애쓰는 느낌이 아니라 느긋하게 일하는 것 같은데도 언제나 좋은 결과를 내는 선배가 있었습니다. '선배는 왜 저렇게 잘하는 거지?' 하고 자세하게 관찰한 적이 있었습니다. 제 일에 힌트를 얻고 싶었기 때문입니다.

그 결과, 선배는 아이디어가 확실해지기 한참 전 단계, 20~30% 진도를 나간 상태에서 상사나 주위 동료와 의논하거나 그간의 진행상황을 제시해 본다는 것을 알았습니다. 당시 저는 경험이 짧아 100% 완성되었다고 생각할 때까지 남에게 보이거나 의논하지 못했습니다. 확실하게 100% 마무리한 것을 제시해야 옳다고 여겼기 때문에 선배의 그런 방식을 알고는 깜짝 놀랐지요.

혼자 완성한 100%는 결코 완벽하지 않습니다. 그보다 조금 덜 됐다고 느끼는 상태에서 일찍 제출하거나 의논하는 편이 다양한 의견을 반영할 수 있어서 완성도가 높아집니다. 일단 100%까지 완성하고 나면 그 후 정확한 조언을 받아도 대충 소소한 부분만 변경하거나 반대로 대폭 수정해야 해서 시간 낭비가 심해집니다.

그 점을 깨닫고 나서는 '제가 생각하는 100%'를 완성하기 전에 **미완성 상태라도 부담 없이 상사에게 의논하거나 동료에게 제시**하게 되었습니다. 잘 되리라고 생각해서 한 일이 잘못된 방향임을 깨닫고 일찍 궤도를 수정할 수도 있고, 적절한 조언도 구할 수 있어서 기획이 더욱 깊이 있어지는 등 장점이 많다는 것을 느꼈습니다.

자료 만드는 법 하나라도 이처럼 만드는 도중에 이야기해 보면 새로운 요청이 들어오기도 합니다. 완성한 다음에 '먼저 말했으면 좋았을 걸.' 싶은 일도, '도중에 의논해 줬으면 좋았을 텐데.'라고 상대방이 생각하는 일도 없어집니다. **시간 효율이 좋아지고 성과도 올라가는 동시에 인간관계도 원활해진답니다.**

# 11 집안일이 편해지면 기분 좋게 일할 수 있다

업무에서는 효율화를 생각하며 개선을 거듭하지만 업무와 별개인 집안일에서는 효율화를 생각할 시간이 없다는 사람이 있습니다. 하지만 집안일은 업무와도 연결되어 있습니다.

날마다 하는 집안일이 편해지면 일에도 좋은 영향을 줍니다. 아침에 여유있게 출근하고 출근 직후부터 기분 좋게 일할 수 있으며 컨디션을 관리할 수 있어서 업무에 전력투구할 수 있습니다. 회사 근무 시간 이외의 시간을 업무와 마찬가지로 효율화하면 결과적으로 업무에 도움이 됩니다. **생활이 원활하게 돌아가면 일도 충실해집니다.**

일을 하며 집안일도 육아도 하느라 날마다 점점 바빠지는데 모든 것을 완벽하게 처리하려고 무리하게 애쓰는 이가 많습니다. 실은 이렇게 말하는 저도 육아휴직에서 복귀한 직후에는 너무 애쓰다가 건강을 해친 적도 있습니다. 하지만 조금씩 균형을 맞춰가며 지냈고 지금은 한정된 시간을 우선순위에 따라 꾸려 나가는 것이 중요하다고 생각합니다.

'지금 내가 할 일, 우선해야 할 일은?', '좀 더 효율적으로 하기 위해 손을 뗄 수 있는 집안일은 뭐지?', '남편과 아이의 힘을 좀 더 빌려 볼까?' 등을 생각하며 업무 이외의 시간도 효율화할 수 있는 방법을 늘 찾았습니다. 지금도 언제나 다른 아이디어가 또 있지 않을까 계속 생각해 봅니다.

내가 해야할 일이 줄어들어 편해지면 일이든 육아든 대강 하는 것처럼 느껴서 죄책감이 든다고 호소하는 경우도 많습니다. 그러나 더 좋은 결과를 낳기 위해 업무를 효율화하는 것이 중요합니다. **가장 중요한 '가족과 보내는 시간'을 늘리기 위한 아이디어는 일을 대충 하는 것과는 다릅니다.**

집안일의 기준을 낮추는 것도 중요합니다. 가족이 편히 있을 수 있는 상태라면 철저하게 하지 않아도 됩니다. 효과적인 가전제품을 사용하거나 남편이나 아이와 나눠서 하는 것도 좋은 방법입니다. 결혼 전에 하던 방법이나 잡지에 실린 방법이 절대적으로 옳은 것은 아닙니다. 잡지에 나오는 집처럼 깨끗하지 않다고 해서 스트레스 받지 마세요.

# 12 집안일을 효율적으로 하면 업무에도 집중할 수 있다

"시간에 쫓기지 말고 시간을 쫓고 싶다."

언제나 이런 마음가짐으로 지냅니다. 그래서 집에서 보내는 시간 동안 줄곧 집안일에 쫓기는 상태가 되지 않도록 노력합니다. 집안일 중 불필요하게 손이 가는 부분을 줄여 원활하게 돌아갈 수 있도록 고민합니다.

예를 들어 세탁. 매일 출근 전에 건조 기능이 있는 세탁기를 예약으로 맞춰 둡니다. 퇴근하면 세탁과 건조가 끝나 있도록 오후 7시 완료로 예약. 널어서 말려야 하는 빨랫감은 넣지 않고 아이들 평상복, 속옷, 수건류와 주름이 신경 쓰이지 않는 빨랫감만 넣고 건조까지 합니다. 즉 '널어서 말린다'는 수고를 과감하게 줄였어요. 물론 널어서 말려야 하는 옷도 있지만 그런 빨랫감은 구분해둡니다. 이렇게 하니 집안일에 들어가는 수고가 확 줄었습니다.

**집안일을 편하게 하려면 저절로 움직이게 만드는 것도 중요**합니다. 아침에 일어나면 거실과 주방을 정리하고 커피를 끓이고 그날 먹을 보리차를 끓입니다. 아무 생각을 하지 않아도 자동적으로 몸이 움직이는 저의 아침 일과입니다. '다음에는 뭘 하지?' 하고 생각할 필요가 없어서 착착 진행하니 곧 시간 절약으로 이어집니다. **졸려서 집중이 안되거나 머리가 멍해도, 집안일을 하고 있어서 허비하는 시간이 생기지 않습니다.**

매일 하는 세탁도 마찬가지. 빨랫감이 적을 때라도 '매일 한다'고 정했으면 일과로 자연스럽게 처리하게 되어 편해집니다. '오늘은 세탁기를 돌리는 게 낫나?' 하고 손을 멈추고 생각하기 시작하면 동작을 멈추게 됩니다. 하지 않는 날을 만들면 다음 날은 평소보다 빨랫감이 많아져서 평소 페이스대로 집안일이 진행되지 않고요. '매일 한다'고 하면 힘들어 보이지만 실은 더 편해지는 선택입니다.

그 외에도 채소를 썰고 육수를 내는 등 반복되는 작업은 한꺼번에 해둡니다. '너무 높은 목표를 세우지 말고 가족이 기분 좋게 있을 수 있으면 된다'는 생각이 도움이 됩니다. 집안일에 들이는 수고를 줄이는 아이디어는 많습니다. 그렇게 하면 업무에 제대로 집중할 수 있습니다.

## 개지 않고 널어서 말리지 않는다

빨래는 개서 수납한다는 생각을 버리고, 옷걸이에 걸어서 말린 그대로 옷장에 걸면 순식간에 정리가 끝납니다. 또 햇볕에 널어서 말려야 하는 옷도 있지만, 속옷이나 수건은 건조기에서 말리도록 구분하면 빨래를 말리는 시간이 훨씬 줄어듭니다.

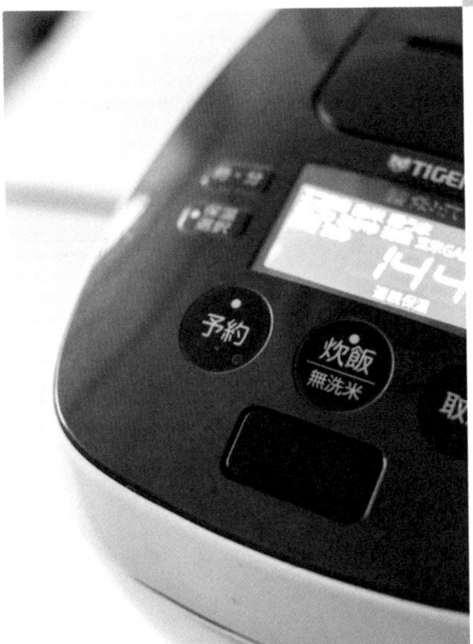


## 타이머 예약을 한다

저녁식사 시간에 밥이 다 되어 있고, 귀가하는 시간에 맞춰 로봇청소기로 청소가 되어있고, 퇴근하면 세탁에 건조까지 끝나 있다. 이런 이상적인 상황은 타이머 예약 하나로 가능합니다. 자신이 정한 스케줄에 맞춰서 집안일이 흘러가니 쫓기는 느낌이 없습니다.

### 채소 혼합 팩

'냉장고에서 다양한 채소를 꺼내서 필요한 만큼 썰고 나머지는 다시 냉장고에 넣는다.' 저녁식사를 준비할 때마다 이 작업을 날마다 반복하려면 힘듭니다. 저는 일요일에 채소를 한꺼번에 모아서 썬 다음, 하루분씩 팩을 만드는 습관을 들였습니다. 덕분에 평일에는 국물 요리나 카레를 뚝딱 만들 수 있습니다.

### 도시락은 가끔씩 일회용 용기로

도시락 반찬을 준비하기도 힘든데 도시락통, 젓가락, 도시락 가방을 전부 완벽한 상태로 준비하려면 설거지거리가 늘어나서 더 힘듭니다. 때로는 일회용 도시락을 이용하면 치우는 수고가 줄어들죠. 늘 그렇게 하진 않아도 가끔 편하게 이용하는 것도 좋습니다.

# 13 시간을 절약할 수 있는 문구 고르기

Item no.004-006 (왼쪽에서부터)
마키노크 가는 글씨용 ¥150+소비세 / ZEBRA
캡리스 도장 조인티 J9 ¥723+소비세 / 산세이도 온라인 공방
USB 메모리 USM-U 시리즈 변동가 / Sony

사무실에서 하루에도 몇 번씩 사용하는 도장. 뚜껑 없는(캡리스) 상품이 있다는 것을 알았을 때는 조금 과장하면 '이거야말로 혁명!'이라고 생각했습니다. 소소한 것이지만 **조금이라도 시간을 절약하도록 개선하여 기뻤고 그런 것이 쌓이면 업무가 편해집니다.**

왼쪽 사진은 유성펜, 도장, USB 메모리. 모두 캡리스 제품입니다. 캡리스는 원터치로 사용할 수 있고 뚜껑을 잃어버릴 염려가 없습니다. 그래서 저는 캡리스 제품을 우선하여 고릅니다. 펜도 되도록 캡리스 제품을 씁니다.

어떤 것부터 바꿔볼지 망설여진다면 **반드시 매일 사용하는 것부터 바꿔 보세요.** 가위를 자주 사용한다면 날이 잘 들고 자기 손에 맞는 크기의 가위로 바꿉니다. 검정 펜과 빨간 펜을 둘 다 자주 사용한다면 2색 볼펜을 사용해 봅니다. 쓸 때마다 바꿔 쥘 필요가 없어져서 놀랄 만큼 업무 효율이 올라간답니다.

'어떤 제품을 쓰면 시간이 절약될까?'라고 생각하며 문구 매장에 가보세요. 평소와 다른 제품이 눈에 띄기도 합니다. 그렇게 고른 제품을 사용하면 소소한 즐거움을 느끼며 일할 수 있지요.

## 프릭션 볼

지워지는 볼펜! 볼펜인데 지울 수 있는 획기적인 상품! 마찰열로 잉크 색깔이 지워지는 원리라고 합니다. 색이 다양하고 4색 타입, 형광펜 타입도 있습니다. 넓은 범위를 깔끔하게 지우고 싶을 때 사용하기 좋은 전용 지우개도 나와 있습니다.

Item no.007 (왼쪽에서부터)
프릭션 라이트 SFL-10SL ¥100+소비세
프릭션 볼 4LKFB-80EF ¥800+소비세 / PILOT

## 카라비너 달린 볼펜

업무 현장에 갔는데 필기구가 없어서 초조했던 적은 없나요? 사진처럼 카라비너가 달린 볼펜을 열쇠나 가방에 달아 두면 급한 순간에 요긴합니다. 고마운 사람에게 작은 답례를 할 때 이 볼펜을 선물하기도 합니다.

Item no.008
byLoFt 카라비너 달린 볼펜 ¥240+소비세 / 로프트

### 날인매트 딸린 인주 시크오스

도장을 찍을 때 유용한 상품. 뚜껑 부분이 도장을 찍을 때 받치는 매트라서 따로 준비하지 않아도 됩니다. 매트를 '깔고' 도장을 '찍는' 과정이 하나로 된 편리한 제품입니다.

Item no.009
날인매트 딸린 인주 시크오스 ¥600+소비세 / 샤치하타

### 테이프풀

물풀이나 딱풀은 노트나 종이 뒷면까지 스미거나 손과 책상에 끈적끈적하게 묻어서 아쉬울 때가 많습니다. 테이프풀은 깔끔하게 붙일 수 있고 뚜껑 여닫기도 간단해서 편리한 제품입니다. 양면테이프처럼 붙였다 떼면 풀이 남는 타입도 편합니다.

Item no.010
PiTtape ¥400+소비세
리필 테이프 ¥280+소비세 / 톰보연필

# 14 회사에서도 유용한 '세울 수 있는 백인백'

회사 책상에서 일하다가 '아, 충전기가 가방 속에 있지. 사물함까지 가지러 가야겠네.', 또는 부스에서 회의를 하다가 '줄자가 필요한데 가방 안에 그냥 뒀어.' 물건은 달라도 비슷한 경험이 있겠지요. 손닿는 곳에 가방이 있어도 **그때마다 가방을 꺼내 뒤적거리면 업무가 비효율적**이 됩니다.

그럴 때 편리한 물건이 백인백. 집에서 가방을 바꿀 때도 물건을 빠뜨릴 염려가 없습니다. **언제나 가지고 있어야 하는 물건이 들어 있으니 회사에서도 유용합니다.** 출근하면 백인백을 책상에 꺼내 놓고 업무 시작. 회의할 때도 가지고 가면 필요한 물건을 잘 챙길 수 있어요. 세울 수 있는 타입이 물건을 넣고 빼기도 쉽고 세련되어 보입니다. 어느 장소에서나 잘 어울리지요.

Item no.011
cravate 백인백 ¥2760+소비세 / PLUS&PLUS

# 15 회의할 때 메모는 노트보다 A4 용지

협의나 회의에는 노트가 아니라 A4 용지를 바인더에 몇 장 끼워서 가져갑니다. 그리고 안건마다 종이를 바꾸면서 메모합니다. A4 용지는 어디에나 있는데다가 다음과 같은 장점이 있습니다.

- 크기가 통일되어 **클리어파일에 넣어 관리하기가 편하다.**
- 각 장의 **순서를 바꿀 수 있어서** 안건마다 다른 용지를 준비할 수 있다.
- **스캔하거나 복사도 쉬워** 동료와 공유하거나 나중에 데이터화하기 쉽다. 데이터화하면 처분할 수 있으니 노트처럼 자리를 차지하지 않는다.

자기 생각을 정리할 때도 A4 용지가 편리합니다. 크기가 커서 생각을 차곡차곡 써서 모을 수 있으므로 아이디어도 확장되는 느낌이 듭니다.

클리어파일에
넣어서 수납

# 16 TO DO 목록은 포스트잇보다 노트

스케줄은 디지털 달력으로 관리하지만 '해야 할 일=TO DO'는 노트에 적어서 관리하고 있습니다. 포스트잇이나 작은 메모지에 따로따로 적는 것보다 **업무 내용도 집안일도 TO DO를 한눈에 볼 수 있습니다.**

단 여러 안건과 집안일, 아이 일 등이 섞이면 알아보기 어려우니 노트 양면을 8칸으로 나눠서 분야대로 적습니다. 노트에 매번 줄을 치려면 번거로우니까 한 면을 세로로 두 번만 접으면 충분합니다. 한 주에 노트 양면으로 계산하여 **다음 주에 할 일이 떠올랐을 때 다음 양면에 적어 둘 수 있는 것**도 노트의 장점입니다.

TO DO 목록은 적은 편이 좋으니, '짧은 메일 보내기' 등 몇 분 안에 할 수 있는 일은 되도록 **'쓰기 전에 하자!'**고 마음먹고 있습니다.

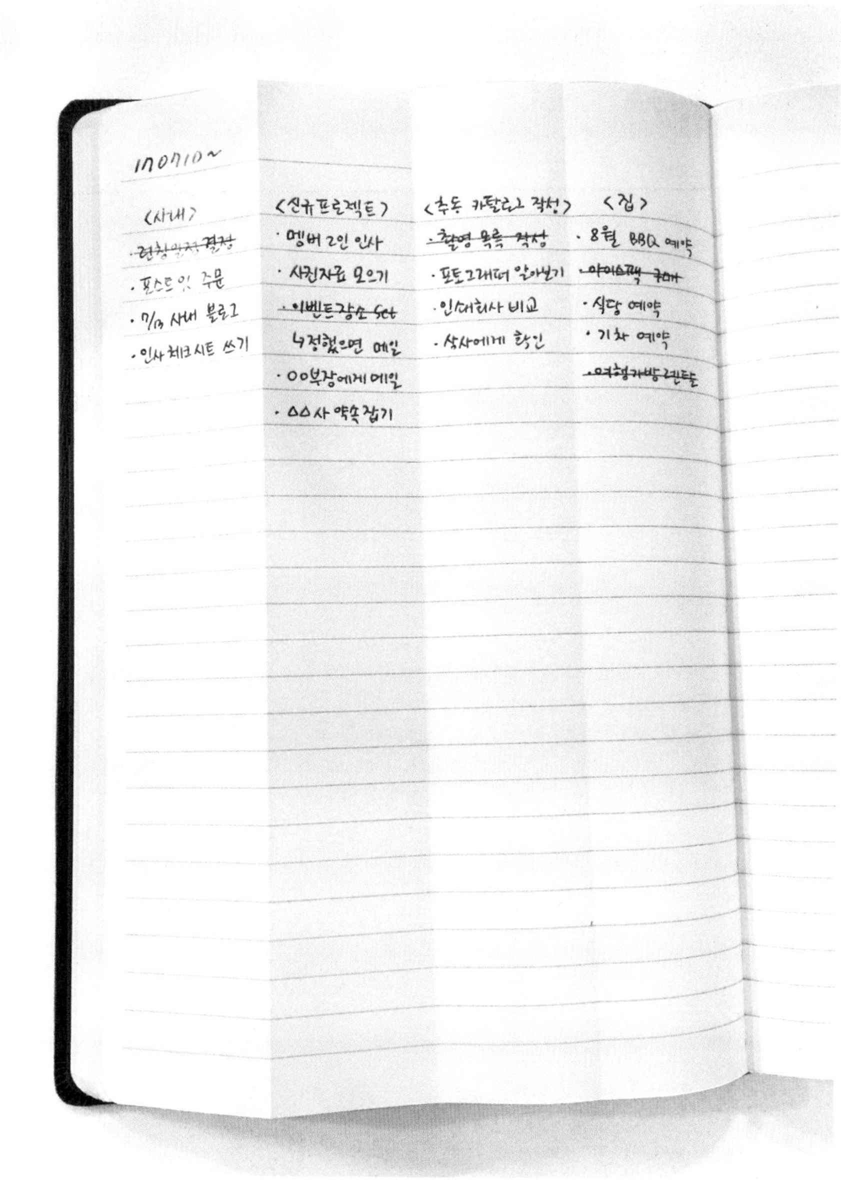
170710~
<사내>
· 포스트잇 주문
· 7/13 사내 블로그
· 인사 체크시트 쓰기
<신규프로젝트>
· 멤버 2인 인사
· 사진자료 모으기
· 이벤트장소 Set
ㄴ정했으면 메일
· ○○부장에게 메일
· △△사 약속잡기
<추동 카탈로그 작성>
· 촬영 목록 작성
· 포토그래퍼 알아보기
· 인쇄회사 비교
· 상사에게 확인
<집>
· 8월 BBQ 예약
· 아이스팩 구매
· 식당 예약
· 기차 예약

170710
잡지에서 본
사진
숟가락을
넣고 찍는 것이
좋을지도!
전체가 아니라 일부분도
good!
170710
친구와 점심.
즐거웠다. 카레에 둥글게 썬 레몬을 얹어서 상큼하고
여름 분위기가 났고 귀여웠다!
외관
계절감
여름이라면 … 싶은 이미지
물론 맛과
눈으로 보는
계절감 중요!
·레몬 계열 샌드위치 …
·레몬 x 크림
·포장지 색깔 상큼하게 노랑이나 연파랑 …
170711
저녁 때 데리러 갔더니 □□가 "다음에는 벌레 도감
갖고 싶어."라고 했다. 찾아볼 것!
곤충?
생물 전반?
·○○ 서점
·△△ 북스

# 17 모든 직업인에게 권하는 '마이 노트'

저는 처음 일을 하기 시작한 2004년부터 '마이 노트'라고 부르는 노트를 쓰고 있습니다. 벌써 58권이나 되었습니다. 마이 노트는 **제가 관심을 가지고 있는 것을 분야를 막론하고 날짜순으로 쭉 기록한** 노트입니다.

잡지에서 괜찮다고 생각한 사진을 잘라서 붙입니다. 텔레비전에서 보고 마음을 울린 말을 적습니다. 읽은 책 내용과 감상을 남깁니다. 아이의 말과 행동에서 성장을 느꼈을 때의 기쁨을 메모해 둡니다. 내용은 제각각이지만 정말 마음이 움직인 것만 모았기 때문에 제 취향과 생각이 담겨 있습니다. 말하자면 **저 자신을 위해 편집한 '잡지' 같은 노트**지요.

이 노트 덕에 내가 좋아하는 것이 명확해지고 생각이 정리됩니다. 과거의 사소한 '깨달음'에서 현재 업무에 대한 아이디어가 떠오르기도 합니다. 일을 하며 부딪치는 여러 상황에서 도움이 되고, 낙심했을 때는 기운을 얻기도 합니다. 기획 업무를 하지 않더라도 자신이 하고 있는 업무를 효율적으로 하는데 도움이 되는 아이디어를 생각해내게 되지요. 시시하다고 느꼈던 업무의 좋은 면을 깨달을 수도 있어요. 사소한 잡담을 했는데 점점 주제가 확장되어 영업에 도움이 되는 등 누구에게나 긍정적인 효과가 있습니다.

아침에 사온다 or 도시락 삼각김밥
점심시간, 먹을 걸 사러갈 시간이 없어진다.
어린이집에 데리러 가는게 늦어지는 경향…
좀처럼 17:00 시에 회사에서 나갈 수가 없다.
고민
사내 프리젠테이션 실패했다…
준비를 제대로 못했나…
다음에는 프리젠테이션 1주일 전에 팀 멤버 앞에서 미리 프리젠테이션을 해본다!
그리고 수정하여 프리젠테이션에 임한다!
동기가 열심히하는 모습을 보니 멋지다는 생각이 드는 한편 침울해진다…
나는 눈에 띄는 타입은 아니지만 노력, 성실함은 있다!

# 18 고민이 있을 때는 기분을 적어본다

일이 생각처럼 되지 않고 다른 사람과의 관계로 괴로워하고 있을 때는 친구에게 푸념하는 것도 물론 좋은 방법입니다. 그럴 상황이 되지 않을 때면 저는 마이 노트(P.92 참조)를 꺼냅니다. 노트 한가운데에 먼저 '고민'이라고 쓰고 그 주위에 원을 그립니다. 그리고 **연상 게임처럼 고민의 원인이라고 느낀 점을 쓰고 상상의 폭을 넓혀 가며 생각나는 것을 추가**합니다. 위에서부터 순서대로 쓸 때보다 발상이 자유로워져서 쓰는 내용이 넓어집니다. 이것은 마인드맵이라고 부르는 방법이지요.

**생각나는 것을 써 보면 신기하게도 마음이 점점 정리**되는 것을 느낍니다. 그 뒤에 다시 전체를 보면 고민을 해결할 방법이 떠오르거나 업무 아이디어가 확장되는 등 깔끔히 해결될 때가 많습니다.

종이 한 장이 아니라 마이 노트에 써 두면 나중에 돌아봤을 때 고민에서부터 성장해 가는 모습을 깨닫거나 '이런 걸로 고민했던가?' 하는 생각이 들기도 하지요. 지금의 고민도 다음 단계로 가는 계단이라고 긍정적으로 생각할 수 있습니다. 부정적인 마음에서 시작됐어도 마지막은 긍정적으로 끝나는 구체적인 행동으로 이어지도록 노력하는 것도 중요합니다. 이렇게 반복하다 보면 다양한 문제에 대해 유연하게 생각할 수 있습니다.

# 19 반복 업무는 반드시 '체계화'한다

앞으로도 어느 정도 정기적으로 해야 하는 업무가 생기면 저는 그 업무를 하는 방법을 체계적으로 만드는 시간을 둡니다.

예컨대 저희 회사에서 한 달에 몇 번만 여는 매장 준비 작업. 매일 하는 일이라면 오픈 준비가 자연스럽게 몸에 배겠지만, 한 달에 몇 번 하는 일이라 매번 '어떻게 하는 거였더라?' 하고 생각하며 준비하니 시간이 많이 걸립니다.

그래서 오픈 전에 **해야 할 일, 점검 사항을 목록으로 만듭니다. 체계적으로 만들어 두면** 그 목록을 확인하며 일할 수 있어요. 하나하나 생각해서 할 때보다 빨리 준비할 수 있고 잊어버리거나 빠뜨리는 일도 방지할 수 있어요. 또 자신이 하지 못할 때라도 다른 스태프가 그 목록을 보며 준비할 수 있어서 업무 인계도 간단합니다.

만일 월 1회 회의를 준비하는 담당자라고 해 봅시다.

• 일정이 정해지면 '곧바로 할 일' 목록을 만든다.

(회의실 예약, 관계자에게 메일 발송 등)

• '연락해야 할 사람' 목록을 만든다.

(가능하면 회의 전용 메일 목록을 만든다)

• '언제나 필요한 물품' 목록을 만든다.
(바인더 30개 등. 가능하면 전용 박스를 준비한다)

종이 노트, 컴퓨터 메모나 엑셀, 에버노트. 메모해 두는 장소나 방법은 무엇이든 상관없습니다. **빨리 다시 볼 수 있는 상태로 정리하여 써 두는 것이 중요**하며, 이후에는 그 목록을 보며 작업을 진행하면 됩니다. 쓰지 않고도 할 수 있는 일이라도, 준비할 때마다 머리를 쓰거나 매번 포스트잇에 메모할 필요가 없으니 시간이 절약됩니다. 물론 깜빡 잊어버리는 실수도 방지하니 더 좋고요.

더 나은 방법이 생기면 그때마다 목록을 수정합니다. 그렇게 해 두면 해야 할 일을 매번 다시 생각하지 않고도 언제든 '가장 좋은 방법'으로 일할 수 있습니다.

# 20 '5분이면 할 수 있는 일' 리스트 만들어 두기

생각보다 회의가 빨리 끝났거나 상사의 피드백을 기다리는 시간 등. 아무리 바쁘게 일하고 있을 때라도 잠시 5분 정도 짬이 생길 때가 있습니다.

다음 업무를 할 정도의 시간은 아니지만 **잠시 시간이 났을 때, 하고 싶다고 생각한 일을 하는 것**과 그냥 멍하니 흘려보내는 것은 일의 효율이 크게 달라집니다.

빈 시간은 갑자기 찾아오니 그때가 되어 뭘 할까 생각하다 보면 순식간에 지나고 맙니다. 그러므로 **5분 동안 짬이 나면 무엇을 할지 미리 적어 두는 것**이 좋습니다.

예를 들면 이런 것들이 있지요.

- 지갑 속에 들어 있는 영수증 정리
- TO DO 재검토
- 책상 위 간단히 정리
- 받은 명함 스마트폰으로 스캔

5분 정도 짬이 나면 하고 싶은 일, 5분이면 할 수 있는 일을 생각해서 포스트잇에 항목별로 정리합니다. 수첩이나 컴퓨터에 붙여 두면 그걸 보고 곧바로 할 수 있어서 빈 시간을 헛되이 흘려보내지 않아도 됩니다. 마찬가지로 '30분 시간이 생기면 하고 싶은 일'을 적어 둘 수도 있습니다. 우선은 '다음에 5분 짬이 나면 5분이면 할 수 있는 일 목록을 만든다'고 정해 두면 좋겠지요.

이런 시간은 은근히 기분 전환이 됩니다. 그래서 컴퓨터나 스마트폰으로 하는 일보다 '손을 움직여서 하는 일' 중심으로 써 놓습니다.

# 21 아침 일과를 적어두면 하루가 순조롭게 흘러간다

출근하여 아침에 가장 먼저 해야 할 일을 적어 볼까요? 그 이유는 무의식 중에 하고 있는 일도 적어 보면 새롭게 깨닫는 것이 있기 때문입니다. 예컨대 커피를 타러 탕비실에 간다면 개수대에서 다른 일도 함께 처리할 수 있습니다. 소소하지만 아침 준비가 순조롭게 흘러가게 됩니다. 그리고 그 메모를 보며 아침마다 똑같은 일과를 실행합니다.

**생각하지 않고 움직일 수 있으니 시간이 절약**되는 것은 물론이고 이렇게 일과로 만들어서 하는 데는 더 큰 장점이 있습니다. 정해진 일을 정해진 흐름으로 실행하면 마음이 차분해집니다. 집에서 나오기 전에 가족과 다퉈서 짜증이 났거나 중요한 프레젠테이션을 앞두고 긴장했더라도, 평상시 아침과 똑같은 일과를 실행해보세요. **'평소와 똑같은 나 자신'이 될 수 있어서 하루가 순조롭게 흘러갑니다.**

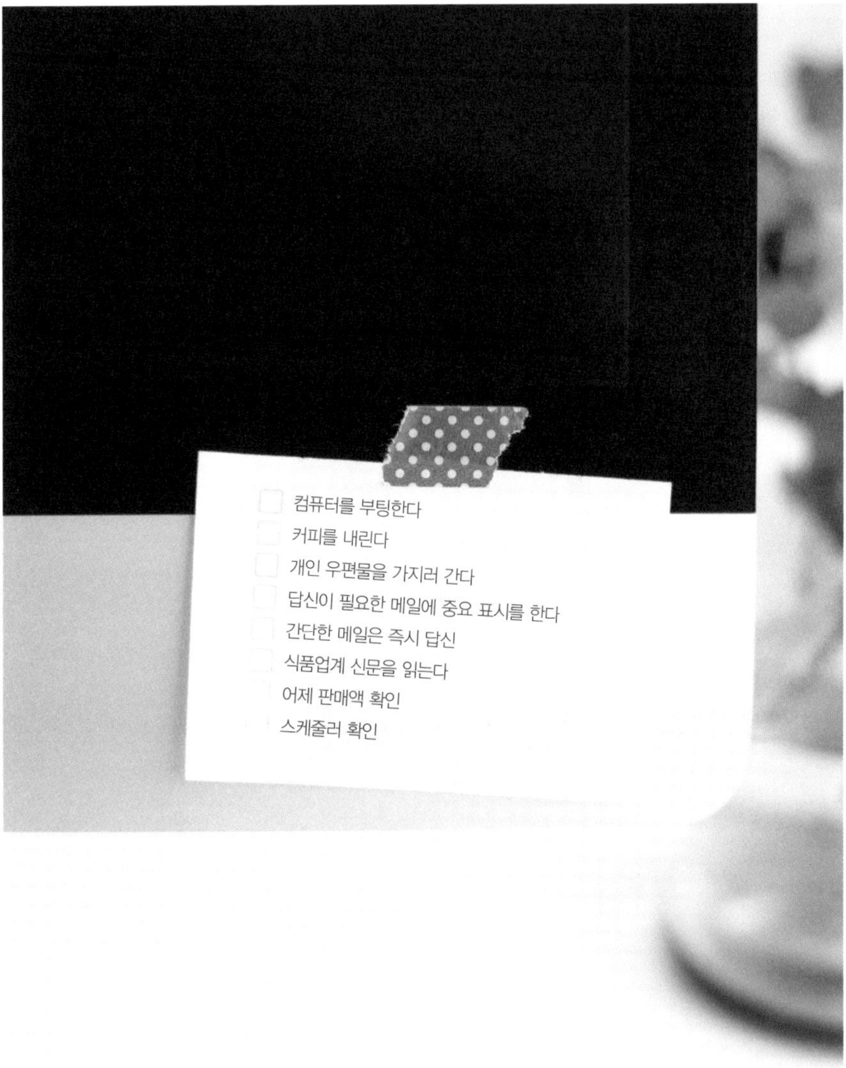
컴퓨터를 부팅한다
커피를 내린다
개인 우편물을 가지러 간다
답신이 필요한 메일에 중요 표시를 한다
간단한 메일은 즉시 답신
식품업계 신문을 읽는다
어제 판매액 확인
스케줄러 확인

# 22 사진 발송은 에어드롭 등 무선 파일 전송이 편리

스마트폰으로 찍은 사진을 동료에게 자료로 보내거나 거래처와 협의를 하면서 참고가 될 만한 자료를 담당자에게 보낼 때가 있습니다. 예전에는 이럴 때 "나중에 메일에 첨부해서 보내겠습니다." 하는 식으로 사이에 한 단계를 거쳐야 했습니다.

그러나 지금은 **블루투스를 이용하면 서로 사진이나 자료를 공유할 수 있어서 그 자리에서 주고받는 것이 가능**합니다. 서로 설정은 해야 하지만 자주 주고받을 상대라면 훨씬 편리하고 원활합니다. 맥이나 아이폰이라면 '에어드롭'을, 윈도(Windows)에서는 블루투스를 이용한 파일 전송 및 수신 기능을 사용합니다.

**내 컴퓨터와 스마트폰 사이의 사진 송수신도 편해지니** 그런 목적으로라도 이용해 볼 가치가 있습니다.

ABCDEFG

ニュースレ
タイトル
はじめに

# 23 서류는 A4 용지 1장으로 정리

회사에 입사하면 가장 먼저 '제출 자료는 A4 용지 1장으로 정리할 것'이라고 배웁니다. 비즈니스의 기본이지만, 철저하게 지키는 사람은 의외로 적습니다. 때로 '이게 1장으로 정리되어 있었으면.' 싶은 문서도 눈에 종종 띕니다.

업무 자료 작성과 수납은 공통점이 있다고 생각합니다. 이것도 저것도 간직해 두고 싶다고 뭐든 수납공간에 꽉 채우면 우선은 수납이 가능하겠지요. 하지만 금세 사용하기 불편한 상태가 됩니다. 이보다는 전체를 훑어보고 꼭 필요한 것만 취사선택하여 수납 공간에 넣으면 한눈에 어디에 무엇이 있는지 쉽게 알 수 있습니다. 물건을 넣고 빼기도 편한 수납 시스템을 갖출 수 있어요.

서류 작성도 마찬가지입니다. 말하고 싶은 내용을 **총망라하려고 몇 장에 적어 놓은 자료는 뭐든 집어넣은 수납 공간 같은 상태**입니다. 전부 넣었으니 친절한 듯 보이지만, 한눈에 무엇이 중요한지 알 수 없어서 정말 전달해야 할 내용을 전하기 어려워요. 모처럼 만든 자료나 기획서가 제 역할을 충분히 하지 못하니 아까운 일이지요.

A4 용지 1장은 얼핏 대충 만든 것처럼 보일지 모릅니다. 하지만 짧고 이해하기 쉬운 서류를 만드는 것이 여러 장짜리 자료를 만드는 것보다 어렵습니다.

**A4 용지 1장에 정리하려고 신경 쓰며 내용을 줄이다 보면 그 과정에서 자신의**

**머릿속도 정리됩니다. 전달하려는 내용이 명확해집니다. 결국 상대에게 더 잘 전달되는 자료가 완성되지요.** 상대의 시간을 쓸데없이 허비하지 않고 전달할 수 있는 자료이기 때문에 작업 성과도 높아집니다.

A4는 비즈니스에서 많은 사람이 자주 사용하는 통일된 크기여서 자신도 상대방도 관리하기 편합니다. 또 여러 장짜리 자료는 인쇄에 시간과 비용이 듭니다. 메일에 자료를 첨부하면 상대가 그 시간과 비용을 부담해야 한다는 점도 잊지 마세요.

# 24 기획서, 자료, 메일에서 포인트는 3가지로 정리

매월 여는 수납 강의를 구성할 때, 제가 전하고 싶은 내용은 많습니다. 하지만 수강자가 3가지 사항을 기억하고 돌아가도록 구성합니다. 메일을 쓸 때도 마찬가지여서 가능하면 포인트를 3가지로 압축하여 전달하려고 합니다. 내가 강의를 듣거나 메일을 읽는다고 생각하면 그 정도가 딱 이해하기 쉽고 최종적으로 기억에 남는다고 느끼기 때문입니다.

긴 메일이나 대량의 자료를 받으면 대충 훑어보고 '지금 바쁘니 나중에 꼼꼼하게 읽어야지.' 하고 미뤘다가 결국 제대로 읽지 못한 경험이 있지 않나요? 다들 바쁘다 보니 어쩔 수 없는 일입니다. 그러나 작성한 사람의 입장에서는 모처럼 공들여 썼는데 상대가 마지막까지 읽지 않으면 업무 성과로 이어지지 않고, 아무리 내용이 멋지더라도 의미가 없어지는 셈입니다.

기획서나 자료를 제출하는 상대, 메일을 보내는 상대, 프레젠테이션을 하는 상대는 상사나 동료, 거래처임과 동시에 읽는 사람이자 듣는 사람입니다. 업무라고 해서 상대방이 당연히 마지막까지 읽고 들어 주리라고 생각하지 말고, **늘 읽기 쉽고 기억에 남는 내용인지 생각하며 쓰거나 말하는 것이 중요**합니다.

제가 주의를 기울이는 것은 수납 강의와 마찬가지로 포인트를 3개로 줄이는 것입니다. 이것저것 나열하면 결국은 상대가 읽지 않거나 대충 읽고 맙니다. 이

메일, 이 기획서에서 **전달하고자 하는 것은 무엇인지 우선순위를 매겨서 3가지로 압축해야 내용이 잘 전달**됩니다.

혹시 3가지로 줄이기가 어렵게 느껴지면 아침에 신문 기사를 읽을 때 머릿속으로 3가지 포인트를 정리해 보세요. 또 오늘 일어난 일을 3가지 포인트로 요약해서 다른 사람에게 말하는 연습도 해보세요. 많은 도움이 됩니다.

# 25 메일 착신음을 끄고 집중하기

컴퓨터 앞에 앉아 집중해서 일하고 있는데 딩동 울리는 소리나 화면 가장자리에 나타난 메시지에 이끌려 메일을 읽게 됩니다. 곧장 답신을 보낼 수 있어서 좋다고 여길 수도 있지만, 실은 그때까지 업무에 몰두하고 있던 집중력이 떨어지거나 떠올랐던 아이디어를 잊어버리는 등 효율이 떨어집니다.

저는 착신음이나 알림을 끄고 제 타이밍에 맞춰서 메일을 확인하고 있습니다. 이렇게 하면 생각이 머릿속에서 도중에 끊이지 않습니다. **'언제든지', '수동적으로'가 아니라 '시간을 정해서', '능동적으로' 확인**하기만 해도 메일에 휘둘리지 않고 업무에 집중할 수 있습니다. 결과적으로는 그 일에 걸리는 시간이 줄어듭니다. 참고로 스마트폰 메일과 메신저도 소리와 진동을 모두 꺼 둡니다.

# 26 메일에 자신을 '숨은 참조'로 넣기

회사 컴퓨터뿐 아니라 스마트폰이나 가지고 다니는 노트북에서 메일을 확인하는 사람도 많습니다. 그대로 그 기기에서 답신을 할 때도 많을 겁니다. 이메일 소프트웨어에 따라 다르지만, 보내는 메일은 그 메일을 보내는 기기에만 남는 것이 일반적입니다. 즉 나중에 다른 기기에서 자신이 보낸 메일 내용을 확인하려고 해도 보이지 않아서 불편합니다.

그래서 저는 **메일을 보낼 때는 '숨은 참조'에 제 메일 주소를 넣어놓습니다.** 그러면 어느 기기에서든 자신이 보낸 메일이 있는 상태라서, 검색창에 키워드를 입력하기만 하면 해당 메일을 찾을 수 있습니다. 내 메일 주소를 자동적으로 '숨은 참조'에 넣도록 한 번 설정해 두면 편합니다.

# 27 메일의 첫인상은 업무의 첫인상

연락 수단으로 메일이 당연해진 요즘, 업무를 하며 실제로 만나기 전에 처음 연락을 메일로 하는 경우도 많아졌습니다.

이전에 업무 의뢰 메일을 한 통 받았습니다. 최종적으로는 그 업무를 맡지 않았지만, 메일을 통해 '분명 언제나 업무를 원활하게 처리하는 분이겠구나. 나중에 기회가 있으면 함께 일해 보고 싶다.'는 느낌을 받았습니다.

제가 왜 그렇게 생각했는지 그분의 메일을 나름대로 분석해 봤습니다. 우선 의뢰 내용이 아주 이해하기 쉽고 '예 또는 아니오'로 답할 수 있게 되어있었습니다. 답신을 보내기 편하게 쓰여있어서 메일만으로도 그분의 업무 진행 방식이 마음에 들었습니다. 그 후로 **저도 그렇게 심리적으로 답하기 편한 메일을 쓰려고** 늘 노력하고 있습니다.

# 28 메일에 빨리 답신하면 상대의 반응도 빨라진다

함께 책을 만드는 편집자 중에 언제나 메일 답신이 빠르다고 느끼는 분이 있습니다. 확실히 답신이 빨리 오면 이쪽도 스타일에 맞춰 뒤로 미루지 않고 빨리 답신하게 됩니다. 그러다가 그분한테서 "Emi 씨는 언제나 답신이 빠르니까 Emi 씨에게 보내는 답신만큼은 서두르려고 해요."라는 말을 듣고, 서로 생각이 같다는 것을 알게 되어 저도 모르게 웃었습니다.

반대로 언제나 답신이 늦는 사람이라면 변명 같지만 이쪽도 늦어지는 경향이 있습니다. 즉, **메일을 빨리 답신하도록 명심하면, 돌아오는 답신도 빨라진다는 것.** 그런 **긍정의 소용돌이가 일어난다**는 사실을 안 뒤로는 되도록 빨리 답신하려고 노력하고 있습니다.

# 29 검색 능력을 높이는 것은 업무 능력을 높이는 것

"이거 좀 찾아 줘요." 하고 부탁하면 재빨리 좋은 정보를 찾아 주는 스태프가 있습니다. 요즘은 업무에서도 뭔가 알아보거나 찾으려 할 때, 의뢰하려 할 때는 인터넷에서 검색하는 것이 일반적입니다. 뭐든 찾을 수 있는 시대입니다. **정보를 재빨리 검색하여 찾아내는 능력은 업무 효율을 높이기 위해 중요한 능력**이 되었습니다.

회사에서 필요한 비품을 사려고 검색할 때도, 새로운 서류를 만들어야 할 때도 그 검색 능력이 효력을 발휘합니다. 저는 **검색 키워드를 가능하면 3개씩 넣습니다.** 검색 키워드를 1개만 넣으면 너무 많은 정보가 검색되어서 하나씩 살피느라 시간이 오래 걸리기 때문입니다.

파일박스를 찾는다면 → '파일박스 구멍있음 종이'

견적서 포맷을 찾는다면 → '견적서 간단 엑셀'

이런 식입니다. 자신이 찾는 것에 대해 요구 조건을 확실히 하여 입력하고 검색하면 필요한 정보를 빠르게 찾을 수 있습니다.

**'이미지 검색'도 편리**합니다. 검색창에 키워드를 입력하고 '전부'가 아니라 '이미지'를 클릭하면 됩니다. 키워드에 관련된 이미지가 쭉 표시되므로, 시각 정보를 통해 더 빨리 후보 범위를 좁힐 수 있습니다. 구글(Google) 등에서는 검색창에 키워드가 아니라 이미지를 입력하여 이미지에서 관련 정보를 검색할 수도 있습니다.

검색 능력은 인터넷에만 한정되지 않습니다. 자기 컴퓨터 안에 저장된 과거 자료, 서류, 메일 등을 빠르게 찾을 수 있으면 시간 낭비가 줄어듭니다. 여기저기 찾아보기 전에 먼저 'Ctrl(또는 Cmd)+F'로 컴퓨터 내부를 검색하는 습관만 들여도 찾는 시간을 줄일 수 있습니다. 컴퓨터 외에 스마트폰의 카톡이나 메일에도 검색 기능이 있으므로 편리하게 활용할 수 있습니다.

# 30 서류 작성은 백지 상태에서 시작하지 않는다

견적서, 청구서, 영수증 등 비즈니스 서류는 백지 상태에서 만들지 않습니다. 처음부터 만들면 시간이 걸리니까요. 지금은 **인터넷에서 검색하면 무료로 사용할 수 있는 다양한 서류 양식이나 템플릿을 찾을 수 있습니다.** 디자인도 단순한 것에서부터 공들인 것까지 다양합니다. 저작권 무료인 것은 자기 나름대로 수정하여 활용할 수 있습니다.

백지 상태에서 만드는 것보다 시간이 절약되는 것은 물론이고, 몇 가지를 비교해 보고 자신이 더 좋다고 생각하는 것, 자기 업무에 적합한 내용과 형식을 추가하면 편리하지요. 그렇게 하면 빠뜨리는 것도 없고 **자신이 처음부터 생각해서 만드는 것보다 품질 좋게 만들 수 있어서 매력적입니다.**

인사장, 감사 편지, 사과 편지 등도 검색하면 찾을 수 있습니다. 인사장 등은 그대로 사용하긴 어렵지만 비즈니스 레터의 예절을 파악하는 데 도움이 됩니다. 비슷한 종류의 문서를 작성할 때 참고하면 편하지요.

이런 서비스를 이용하는 외에도 **자기만의 템플릿을 만들어 두기를 권합니다. 이후에는 처음부터 만들지 않아도 되니 업무 시간을 줄이는 데 도움**이 됩니다. 메일로 감사 인사를 보낼 일이 많다면 기본 감사 편지 양식을 만들어 두고 필요한 내용을 조금씩 추가합니다. 기획서도 기본 양식을 만들어 놓고, 새로 작성할 때는 해당 기획 내용을 쓸 부분에 더 주력하세요. 내용을 생각하는 데 더 많은 시간을 쓸 수 있습니다.

주의할 점은 어느 서류나 편지든 그대로 사용하지 말고 자기 업무에 맞도록 조금이라도 수정해야 한다는 것입니다. 아무리 잘 만들어진 템플릿이라도 자신을 위한 양식은 아닙니다. 알맞게 수정을 해야 자신에게도, 그 서류를 읽을 상대에게도 보기 쉽고 사용하기 편한 문서가 됩니다. 디자인이나 문장에 조금이라도 자신의 개성을 추가하면 표면상 형식적인 서류라도 자신의 스타일을 전달하는 도구가 됩니다.

# 31 단축키와 상용구 등록이 시간을 줄여준다

'Ctrl(또는 Cmd)+C'는 복사, 'Ctrl(또는 Cmd)+V'는 붙이기. 이 정도 단축키는 자주 사용하지만 다른 단축키는 굳이 찾아보기가 번거로워서 사용하지 않는다는 사람이 많습니다. 그러나 급할수록 돌아가라는 말처럼 자신에게 도움이 될 만한 단축키를 한 번 찾아서 외울(혹은 메모하여 보기 쉬운 곳에 붙여 둘) 시간을 내 보세요.

무척 좋아해서 자주 만드는 레시피가 있다고 해 봅시다. 요리할 때마다 매번 책을 꺼내기보다는 조금 번거로워도 배합과 간단한 순서를 외우거나 레시피를 포스트잇에 써서 냉장고에 붙여 두면 음식을 만들 때마다 얼마나 편리한지 실감할 겁니다.

**외워 두면 편리한 단축키**

| | Windows | Mac |
|---|---|---|
| 검색 | Ctrl+F | Cmd+F |
| 모두 선택 | Ctrl+A | Cmd+A |
| 전체 화면 캡처 | Printscreen | Cmd+Shift+3 |
| 활성화된 창 캡처 | Alt+Printscreen | Cmd+Shift+4 |
| 파일, 폴더명 변경 | F2 | (클릭하고) Enter |
| 창 닫기 | Ctrl+W | Cmd+W |

단축키를 익히고 메모하는 것도 이와 마찬가지 효과가 있습니다. **처음에만 조금 노력하면 그 후에는 시간을 절약하는 데 많은 도움**이 됩니다.

컴퓨터나 스마트폰에 상용구 등록(사용자 사전 등록)을 하는 것도 마찬가지입니다. 자주 사용하는 문구가 짧은 입력만 하면 나오니 시간이 절약됩니다. '도움'이라고 입력하면 '도움을 많이 받고 있습니다.', '부탁'이라고 입력하면 '잘 부탁드립니다.'라고 변환됩니다. '주소'라고 입력하면 회사 주소가 나옵니다. 사소한 것이지만 서류나 메일 작성이 분명 빨라집니다.

단축키나 상용구 등록은 한 예입니다. **매일 하는 일에 걸리는 시간을 머리를 써서 줄이려는 자세가 전체 시간 단축으로 이어집니다.** 결과적으로는 하고 싶은 일에 더 많은 시간을 쓸 수 있습니다.

# 32 미리 해 두면 나중이 편해진다

주문한 1회용 콘택트렌즈가 도착하면 전부 상자에서 꺼내어 좌우 표시를 하고 1개씩 잘라서 뚜껑 없는 상자에 넣으면 준비 완료. 비닐 포장된 음료나 낫토를 사면 포장을 뜯고 소분하여 냉장고의 정해진 자리에 넣습니다. 그 순간은 귀찮아도 이후에 편해집니다. 나 자신을 미리 돕는 느낌이지요.

업무에도 같은 사고 방식을 적용하여, 어떤 일을 할 때 **먼저 한꺼번에 해 두어서 나중에 자신이 편히 일할 수 있도록** 합니다. 단축키나 상용구 등록의 아날로그판이지요. **자기 시간을 저축해 두는 것입니다.**

예를 들면 메시지를 전할 때 사용하는 큰 포스트잇에 한꺼번에 도장을 찍어 두면 메시지를 남길 때마다 이름을 쓰거나 도장을 꺼내지 않아도 됩니다. 봉투에 우표 붙이기도 그때마다 하면 번거롭지만 모아서 한꺼번에 해 두면 꺼내서 쓸 때 편리합니다.

### 포스트잇에 도장을 찍어 둔다

전달할 메시지를 적는 포스트잇. 한꺼번에 도장을 찍어 두면 사용할 때마다 이름을 적지 않아도 됩니다.

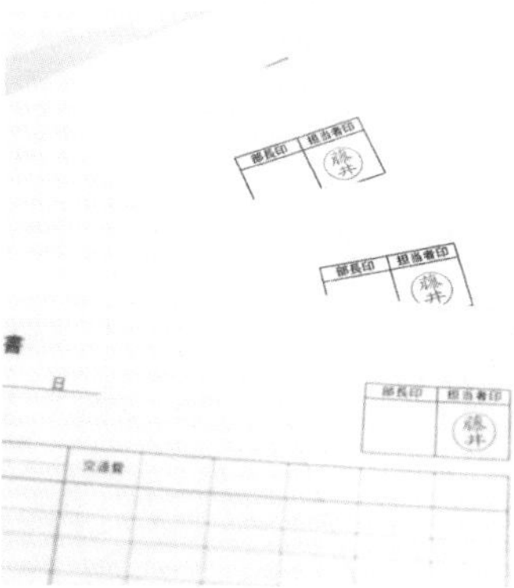


### 제출 서류에 날인해 둔다

손으로 쓰는 서류 중 날인이 필요한 서류는 여러 장 인쇄해 두고 처음에 날인. 이후에는 도장을 찾을 필요가 없습니다.

### 봉투와 엽서에 우표를 붙여 둔다

한 번에 다 우표를 붙여 두면 편지를 부칠 때 아주 편합니다. 감사 편지 쓰기도 수월합니다.

# 33 회의를 100% 살리는 3가지 포인트

장시간 회의를 했는데 그다지 진전이 없는 상태가 되었을 때만큼 아까운 일이 없습니다. 바쁜 가운데 모두 시간을 내서 모였으니 그 시간을 최대한 살리는 것이 좋겠지요. 회사원 시절부터 지금까지 다양한 아이디어를 생각해 왔습니다. 거기에서 뽑은 포인트를 소개합니다.

**① 자료는 회의하기 전에 공유한다.**

회의를 시작할 때 "오늘 자료입니다."하고 배부 시작. 대부분 당연한 듯 그렇게 하는 경향이 있지만 기껏 모였는데 그제야 자료를 나눠 주면 그 자리에서 말없이 자료를 읽는 시간이 생깁니다. 자료는 혼자서도 읽을 수 있으니 **적어도 전날까지는 참석자들에게 자료를 보내서 읽어 보도록 하면 원활하게 대화**가 시작됩니다. 회의 시간을 효과적으로 쓸 수 있습니다.

**② 처음에 '오늘 정할 것'을 알린다.**

이 회의에서 어떤 목표를 상정하고 있는지 처음에 선언한다. "오늘은 이것과 이것을 정하겠습니다."라고 처음에 알리면 회의 목적이 전원에게 확실히 전달되므로, 잠시 옆으로 샜다가도 마지막에는 목표로 돌아옵니다. **종료 예정 시간**

**도 함께 전달하면 참석자들이 집중력을 유지할 수 있고 시간도 알차게 사용할 수 있습니다.**

**③ 마지막에는 정리를 하고 역할을 나눈다.**

회의 마지막에는 반드시 이번 회의에서 정한 내용을 정리하여 **각각의 과제와 누가 무엇을 할지까지 확실히 해 둡니다.** "이것을 제가 언제까지 보낼 테니 A 씨는 저것을 해 주세요." 하고 말하는 식입니다. 헷갈릴 염려도 없고 확실하게 회의 성과를 다음 단계에 적용할 수 있어요.

# 34 뒤로 미루지 말기 지금 바로 하기

회의 후에는 되도록 "그럼 가지고 가서 검토하겠습니다."라고 하지 않고, 그 자리에서 결론을 내거나 대략이라도 생각을 정리하는 습관을 들였습니다. 일주일 후에 자료를 제출해야 한다면 과제가 정해진 그때 70% 정도 머릿속에서 구상해 봅니다. 이런 식으로 일하게 된 계기는 전 직장의 선배에게 배운 것입니다.

당시 워킹맘이었던 선배는 회의가 끝난 뒤, 그 자리에서 회의를 정리한 내용을 공유해 준 적이 있었습니다. 그 속도에 놀라는 동시에 일도 육아도 균형있게 해 내는 비결을 엿본 느낌이 들어 이야기를 들어 봤습니다.

그때 '어떻게 할지 판단해야 할 과제', '다음번까지 생각해 둬야 할 과제'는 반드시 회의 중에 결론을 내려고 한다는 것. 그렇게 하면 업무가 많거나 주어진 시간이 적어도 일이 밀리지 않는다는 것을 배웠습니다.

그때까지 저는 늘 '회의가 끝나면 생각하자.'라고 생각했습니다. '나중에 천천히 생각하면 더 좋은 아이디어가 나오겠지.' 하고요. 하지만 결국 회의에서 이야기를 들으며 대충 생각했던 것보다 더 좋은 안이 나오지 않을 때가 많았습니다. 그렇다면 선배를 본받아서, 일을 가지고 돌아가지 말고 **그 자리에서 '결정'하고 '정리'하기로 했습니다. 그렇게 의식하기만 해도 70% 정도까지는 완성**된다는 것을 알게 되었어요.

'뒤로 미루지 말기', '지금 하기'가 제 일하는 태도가 되었습니다. 나중에 하려고 하면 다시 처음부터 자료를 들춰 보며 시동을 걸고 출발할 때까지 시간이 걸립니다. 처음에 70% 정도 구상해 두고 나중에는 플러스알파 아이디어를 덧붙이거나 자료를 보기 편하게 정리하는 것이 효과적입니다. **완벽을 추구하기보다 대충이라도 진행합니다.** 그러면 조금씩이라도 앞으로 나가니까 시간이 모자라도 효율적인 결과를 낼 수 있습니다.

COLUMN

## 힘든 경험은 성장으로 이어진다

쌍둥이 남매를 낳고 육아 휴직 중이던 시기에 마침 회사에서 조직 변경이 있었습니다. 새로운 기획이 나오는 등 새로운 체제에 적응하느라 다들 힘들어 하는 시기였어요. 동료에게서 “엄청 힘들었어. Emi 씨는 쉬는 타이밍이 정말 좋았어.”라는 이야기를 듣고, 회사가 어려울 때 쉬게 되어서 미안한 마음이 들면서도 힘든 시기를 피했기에 안도의 한숨을 쉬었습니다.

우연히 그 이야기를 대학 친구에게 했습니다. “요즘 회사에 힘든 일이 많은데 나는 휴직이라 다행이야.”

그런데 친구는 “다행인지 아닌지는 모르지. 오히려 힘든 시기를 뛰어넘어서 다들 훌쩍 성장했을 수도 있어. 그걸 경험하지 못했다는 얘기니까.”라고 이야기하더군요. 깜짝 놀랐습니다. 동시에 부끄러운 생각이 들었습니다.

친구의 말처럼 힘든 시기를 겪어 내면 자신도 모르게 성장합니다. 좋은 일도 나쁜 일도 경험하며 일에서도 성장하고, 한 인간으로도 성장합니다. 그런 당연한 사실을 완전히 잊고 있었습니다. 딱 부러지게 지적해 준 친구가 얼마나 고맙던지요.

“힘든 경험은 성장으로 이어진다.”

일을 하며 종종 떠올리는 소중한 말입니다.

# CHAPTER 3

# 일과 육아의
# 균형 잡기

# FILE | 01

## 시간 관리를 꼼꼼하게

아오키 아야코 씨

DATA

근무처 : 주식회사 센슈카이 패션판매 2부

근속년수 : 13년

가족 구성 : 남편, 큰아들(6세), 작은아들(1세)

꼼꼼하게 스케줄을
입력하여 다른 사람과
공유하고 있네요!

### 시간은 없지만 '할 수밖에 없어!'

두 번째 육아휴직에서 복귀한 지 4개월. 임신부와 육아 관련 상품의 판매 카탈로그를 제작하는 아오키 씨. 두 아이를 키우면서 일하는 상황에 아직 익숙해지지 않아서 동동거리는 나날이 이어지고 있다고 합니다.

업무 시간은 점심시간을 포함해도 7시간뿐. 어떻게 전체를 내다보고 일을 배분하는지에 승패가 달렸다고 아오키 씨는 말합니다. "하원 시간에 맞춰서 아이들을 데려와야 하니까 그 시간에서부터 역산해서 각 업무에 할당할 시간을 정합니다. 시간은 부족하지만 '할 수밖에 없어!', 이 상태니까요." 하고 웃는 얼굴에서 결의가 느껴집니다.

아이가 아파서 갑자기 휴가를 내야 할 때도 있습니다. 그래서 상사나 동료에게 부담을 주지 않도록 소소한 궁리도 많이 합니다.

## 구글 캘린더로 스케줄 공유

스케줄과 일의 진척 상황을 다른 사람에게 오픈하여 자신도 주변 사람들도 안심할 수 있습니다.

**아오키 씨의 1일 스케줄**

| | |
|---|---|
| 5:30 | 기상. 아침에 최소한의 집안일(바닥 닦기, 보리차 끓이기, 빨래 널기). |
| 6:00 | 저녁식사 밑준비(늦게 일어났을 때는 생략). |
| 6:30 | 출근 준비. 조금 여유 있게. |
| 7:00 | 아침식사. |
| 8:00 | 아이들 어린이집에 데려다주기. |
| 9:30 | 출근. 메일 답신, 사무 처리. |
| 10:00 | 내년 카탈로그 내용 협의. |
| 11:30 | 상사에게 진행 중인 기획서 방향 확인받기, 협의(상사도 단축근무 중인 워킹맘이므로 간략하게). |
| 12:00 | 점심식사. |
| 13:00 | 인터넷 판촉에 관해 팀내 협의. |
| 14:00 | 상품 개발 담당자와 신규 상품에 관해 브레인스토밍. |
| 15:00 | 오전 중에 상사에게 보고하고 피드백을 받은 기획서 수정. |
| 16:30 | 퇴근. |
| 17:30 | 아이들 데려오기. |
| 18:00 | 귀가, 목욕. |
| 18:30 | 저녁식사 준비. |
| 19:00 | 저녁식사. |
| 19:30 | 아이들과 놀기, 텔레비전 시청. |
| 20:30 | 다음 날 어린이집 준비물 챙기기(큰아들은 스스로, 작은아들의 준비물은 아오키 씨가 준비), 장난감 정리. |
| 21:00 | 그림책 읽어 주기, 아이들 재우기. 대개는 함께 취침. |

부서 안에서 스케줄을 공유하고 있는 구글 캘린더. 예정 일자뿐 아니라 작업 내용도 입력하고, 끝나면 '완료' 표시를 합니다. 보고하지 않아도 진행 상황이 전달되는 구조입니다.

책상 위에는 현재 진행 중 상자 1개뿐. 이것도 다른 이에게 피해를 끼치지 않기 위한 아이디어 중 하나입니다. 서류가 어디 있는지 금방 알 수 있어서, 주위에 도움을 요청했을 때 동료들이 손쉽게 확인할 수 있습니다.

## 다른 워킹맘의 지혜 배우기

회의는 짧게.
합리적으로 일을 진행합니다.

### 다함께 합리적으로 일하는 것이 원활하게 돌아가는 비결

상사도, 같은 팀 팀원들도 워킹맘. 그러므로 모두 시간에 대해서 엄격하고 합리적입니다. "아이가 아프다던지 해서 아침에 갑작스럽게 내는 휴가는 전원에게 메일로 보고합니다. 병원에서 전화를 거는 수고가 줄어서 도움이 되지요."

회의는 짧게. 급하지 않은 일은 메일로, 급한 일은 직접, 이렇게 두 가지 방법을 자연스럽게 병행합니다. 아오키 씨는 소통도 중요하게 여겨서 여러 사람과 이야기를 하며 점심을 함께 먹습니다. 그 자리에서 서로 지혜와 정보도 공유합니다. 힌트를 얻어 가며 기분 좋게, 성과도 내며 일할 수 있도록 모색 중입니다.

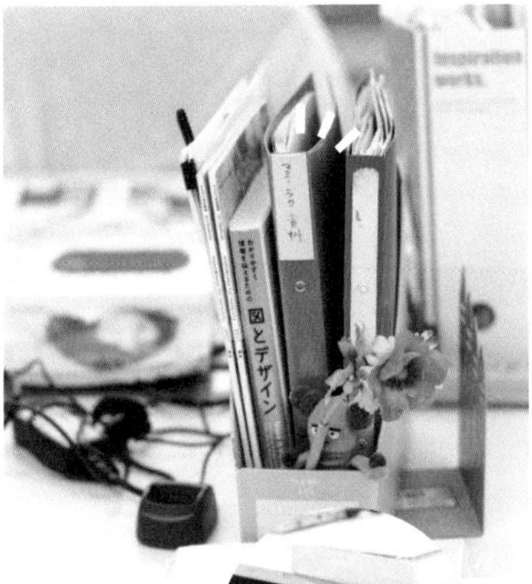


## 급한 휴가에 대비하여 중요한 서류는 한 곳에 모아 두기

갑작스럽게 휴가를 내더라도 업무 공백이 생기지 않도록 책상은 잘 정리하고 현재 진행 중 박스 하나만 놔둡니다. 이렇게 하면 필요한 서류가 있는 곳을 전화로 간단히 설명할 수 있습니다.

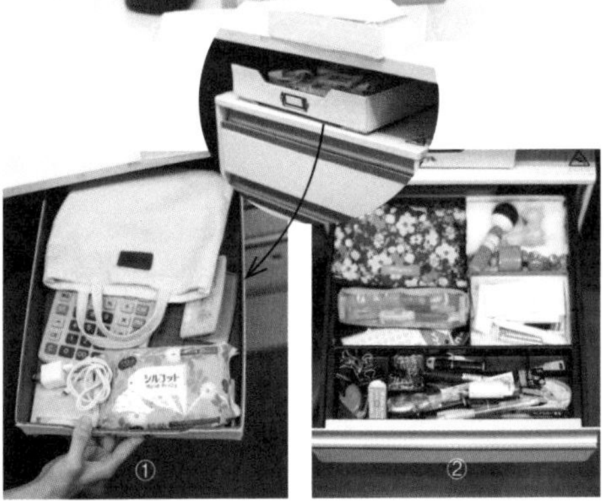


바퀴형 서랍장 위

서랍 첫째 단

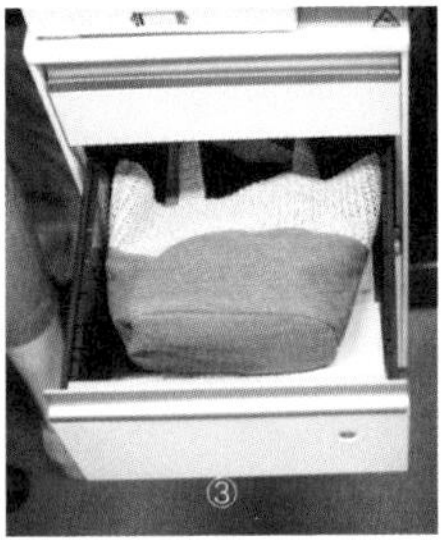


서랍 둘째 단

서랍 셋째 단

### 아오키 씨의 책상 주위

① 바퀴형 서랍장 위는 가장 손이 닿기 쉬운 위치라서 얕은 상자를 두었습니다. 상자 안의 내용물은 제각각이지만 자주 사용하는 물건을 모아 놓습니다. 덕분에 책상 위가 어질러지지 않습니다.

② 서랍 첫째 단은 앞쪽에 자주 사용하는 문구를 모아 놓아서, 조금만 잡아당기면 물건을 넣고 뺄 수 있도록 했습니다.

③ 둘째 단에는 화장품 파우치 등을 수납. 퇴근할 때는 노트북을 넣고 잠그기 때문에 여유를 두었습니다.

④ 셋째 단에는 파일박스를 넣고 자료를 세워서 수납. 자료 등을 찾기 쉽도록 했습니다.

### 재미있는 일은 먼저 해도 OK

업무 우선순위는 '마감이 빠른 순'을 기본으로 하여 진행합니다. 하지만 기억하고 있을 때 처리하면 효율적인 일이나 재미있다고 느낀 일은 얼른 해야 좋은 결과로 이어지므로 우선하여 처리합니다.

### 4색 프릭션 볼로 펜 만들어 쓰기

지울 수 있는 볼펜인 4색 프릭션 볼을 애용. 사용하지 않는 초록색은 다른 제조사의 지워지지 않는 볼펜으로 바꿔 끼웠습니다. 이 1자루면 다른 펜은 더 필요하지 않습니다.

### 업무 종료 시에는 다음날 아침 할 일을 정리

다음날 아침 가장 먼저 할 일에 필요한 자료 링크를 내 메일로 보내 놓거나 회의가 있다면 필요한 서류를 정리합니다. 귀가 전 몇 분의 작업 덕분에 다음날은 아침부터 낭비되는 시간 없이 즉시 업무에 착수할 수 있습니다.

## 퇴근하는 길에 딱 15분만 한숨 돌리기

귀가 도중에 15분. 잠깐만 들러도 힐링 효과는 만점. 내일부터 다시 힘차게 일하는 데 큰 활력이 됩니다.

### 직장인 모드와 엄마 모드 사이의 여유 시간

'힘든 시간'을 회사에서 보내고 귀가하면 사랑스러운 아이들과 지내는 '정신없는 시간'이 기다립니다. 집에 도착하면 자연스럽게 '직장인 모드'에서 '엄마 모드'로 전환되지요.

아오키 씨는 늘 서둘러 집에 가지만, 조금 기분이 다운되어 있을 때면 15분의 사치를 즐깁니다. 말은 사치라고 해도, 귀가 도중에 화장품, 옷 등 필요한 물건을 사는 정도입니다. 그래도 혼자 쇼핑하는 시간은 충분히 한숨 돌리는 시간이 되지요. 가라앉았던 기분도 조금 나아집니다. 그 시간을 통해 힘을 얻어 아오키 씨는 다시 바쁘지만 충실한 시간으로 돌아갑니다.

# FILE | 02

# 일과 육아를 적절히 조정하기

이시이 사토코 씨

DATA

근무처 : 주식회사 한큐한신백화점 니시노미야한큐 영업기획부 기획 담당

근속년수 : 19년

가족 구성: 남편, 아들(4세)

## 완벽하지 않아도 일단 마무리한다!

백화점 영업기획부에서 일하는 이시이 씨. 담당 플로어의 전체 이미지를 구성하는 일을 맡고 있고, 특별 행사에서는 눈여겨봤던 회사에 부스 출점을 의뢰하기도 합니다. 관심 범위를 넓혀 둬야 하는 업무입니다.

육아 중의 단축 근무는 늘 시간과의 싸움. "언제나 컴퓨터 화면 모서리의 시계를 의식하며 30분 이내에 이걸 해야 한다고 생각하며 일하고 있습니다." 아침에 머릿속에서 세운 스케줄을 끝내기 위해 집중하는 것이지요. '완벽을 목표로 하지 않고 일단 시간 내에 완성하는 것'이 일을 효율적으로 마무리하는 요령이라고 합니다.

입사 동기인 워킹맘 동료의 존재는 귀중합니다. 언제나 서로 격려하는 소중한 관계입니다. "서로 힘든 점을 알아줄 수 있는 것만으로도 고마워요."

**이시이 씨의 1일 스케줄**

| | |
|---|---|
| 7:15 | 기상. |
| 7:30 | 아침식사, 어린이집 준비 등. |
| 9:00 | 아이를 어린이집에 데려다주기(화, 금은 남편 담당). |
| 9:45 | 출근(유연근무제). |
| 9:50 | 일보 작성, 메일 확인. |
| 10:30 | 점내 순회, 사내 회의. |
| 12:00 | 점심식사. |
| 13:00 | 기획서 작성. |
| 15:00 | 자료 만들기. |
| 17:00 | 퇴근. |
| 17:30 | 아이 데려오기, 슈퍼에서 장보기. |
| 17:45 | 아이와 공원에서 놀거나 연못 주변 산책. |
| 18:30 | 귀가. 아이와 함께 목욕. 휴식 시간(한 잔 하기), 저녁식사 준비. |
| 19:00 | 저녁 식사. |
| 20:00 | 쌓여 있는 집안일 하기. |
| 21:00 | 아이 재우기. |
| 21:30 | 릴랙스 타임(21시 이후에는 먹지 않기). |
| 22:30 | 취침. |

## 동료와 서로 격려하고 노력하는 모습에 자극을 받는다

선배 엄마이자 동료는 자극을 주고 격려를 해주는 존재입니다. 아이가 좀 아플 때면 "힘들지? 나도 그 마음 알아." 하고 공감해주어 고맙지요.

## 컴퓨터에 표시되는 시간을 늘 의식

컴퓨터 한쪽 구석에 작게 표시되는 시각. 이 숫자를 언제나 의식하고 일하는 것이 시간 단축의 비결.

### 스케줄러는 먼슬리 타입

월 전체의 흐름을 파악하기 쉬운 먼슬리 수첩에 예정과 매일 입점고객 수를 기입하고 있습니다. 세세한 하루의 스케줄은 기본적으로 머릿속에서 관리하고 있지요.

### 중요 서류는 책상 오른편에

기본적으로 책상 위를 깨끗하게 정리해 두는 이시이 씨. 현재 진행 중인 중요 서류만 책상 위에 북스탠드를 이용하여 세워 놓습니다. 빨리 집을 수 있도록 주로 사용하는 손인 오른쪽에 둡니다.

### 이시이 씨의 책상 주위

① 달력은 실용적인 물품이자 분위기를 살짝 부드럽게 해 주는 존재.
② 서랍 상단에는 앞쪽에 자주 사용하는 문구를 수납하여 넣고 빼기 쉽게 합니다. 중단에는 조금 작은 책을 찾기 쉽도록 세워서 수납합니다. 하단 앞쪽에는 서류, 안쪽에는 자료를 수납.
③ 책상 옆에 자석 후크를 붙여서 사내에서 이동할 때 사용하는 가방을 걸었습니다.
④ 들고 다니는 문구는 최소한으로 하고 필통은 작은 것을 골랐습니다.

## 퇴근하는 순간 일에 대해서는 잊는다

출입문이 이시이 씨의 전환 스위치. 한 여성이자 엄마의 관점으로 생활을 즐기는 것이 다음 업무로 이어집니다.

판촉 이벤트로 외부에 나갈 때는 천 가방을 크로스로 멥니다. 전자계산기와 돈을 받는 트레이를 가방 안에.

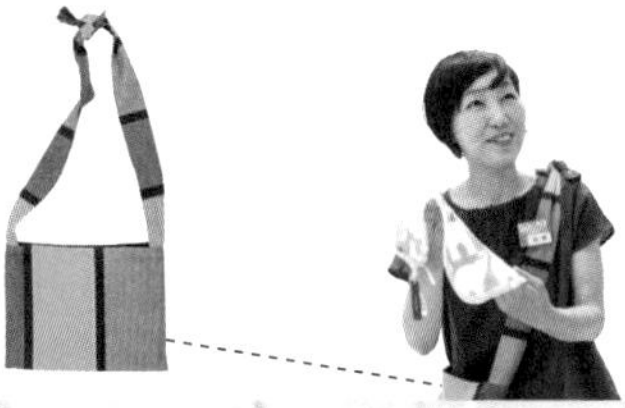

### 육아 경험은 일에 활용된다

육아를 통해서 '내려놓기'의 중요성을 배우고 일에 대한 사고방식도 바뀌었다는 이시이 씨. "좋은 의미에서 집착이 없어지고 유연하게 일을 대할 수 있게 됐어요. 육아는 일에 크게 도움이 된다고 생각합니다."

이시이 씨의 업무는 같은 세대의 엄마들을 어떻게 백화점까지 오도록 할까 하는 것입니다. "제가 타깃에 가까우니까, 생활 속에서 '이거 재미있네' 하는 관점을 중요시하고 있어요." 그러므로 회사에서 한 발짝 나가면 한 여성이자 엄마로 지냅니다. 그 사이에서 적절히 균형을 잡으면 관심 범위도 넓어지고 업무도 충실해집니다.

FILE | 03

# 미리 대비하여 순조롭게 진행하기

Y. S 씨

DATA

직업 : 약사, 임상 개발(내근)

※ 주 2회 정도는 재택근무

근속년수 : 약 2년

가족 구성 : 남편, 아들(8세), 딸(6세)

애용하는 출근용 가방

COACH의 큼직한 토트백을 애용. A4 파일을 넣을 수 있고 튼튼해서 마음에 든다.

먼슬리 수첩

데일리 수첩

수첩은 2개를 마련합니다. 전체 스케줄을 관리하는 얇은 먼슬리 수첩과 그날의 TO DO와 1일 시간표를 정하기 위한 데일리 수첩으로 구분하여 사용하고 있습니다. TO DO에는 완료, 진행 중, 나중으로 미룸 등의 표시를 해서 진척 상태를 확인. '긴급은 아닌 중요 사항'을 쓰는 칸을 만들어서, 이를 의식하여 하루를 보내며 충실한 생활을 합니다.

Y. S 씨의 업무 규칙 **1**

## 데일리 수첩으로 1일 일정 관리

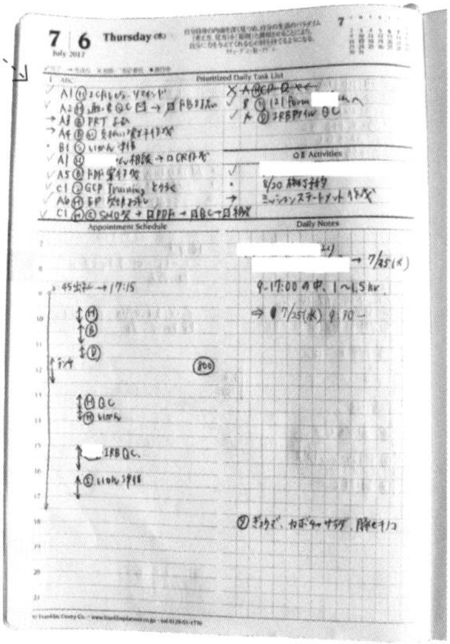


### Y. S 씨의 1일 스케줄 〈출근하는 날〉

| | |
|---|---|
| 6:00 | 기상. 집안일, 출근 준비. |
| 6:45 | 아침식사. |
| 7:45 | 집에서 출발. |
| 8:30 | 출근. 메일 확인. |
| 9:00 | 자료 작성, 회의. |
| 11:30 | 동료와 점심식사. |
| 12:30 | 자료 작성, 거래처에 전화. |
| 17:00 | 퇴근. |
| 18:00 | 귀가. 저녁식사 준비, 목욕 준비. |
| 18:30 | 아이들 데려오기. |
| 19:00 | 저녁식사. |
| 19:30 | 아이들 숙제 확인. |
| 20:00 | 아이들과 목욕. |
| 21:00 | 집안일(설거지, 빨래 개기 등). |
| 21:30 ~ 22:00 | 아이들과 함께 취침. |

### 〈재택근무하는 날〉

| | |
|---|---|
| 6:00 | 기상. |
| 7:45 | 청소. |
| 8:00 | 저녁식사 준비, 음식 만들어 두기 등. |
| 9:00 | 재택근무 개시. |
| 14:00 | 전화 회의. |
| 17:30 | 근무 종료, 저녁식사 완성. |
| 18:00 | 학원에서 데려오기. |
| 19:00 | 저녁식사. |
| 21:30 ~ 22:00 | 아이들과 함께 취침. |

규칙 **2**

## 재택근무를 위한 환경 조성

### 자택의 작업용 책상

재택근무용으로 대형 모니터를 구입. 눈높이에 맞게 높이를 조절할 수 있어요. 오래 컴퓨터 작업을 하면 늘 힘들었던 어깨 결림과 눈의 피로가 나아졌습니다. 모니터는 노트북과 연결하여 사용합니다. 테두리가 흰색인 제품이라 깔끔해요.

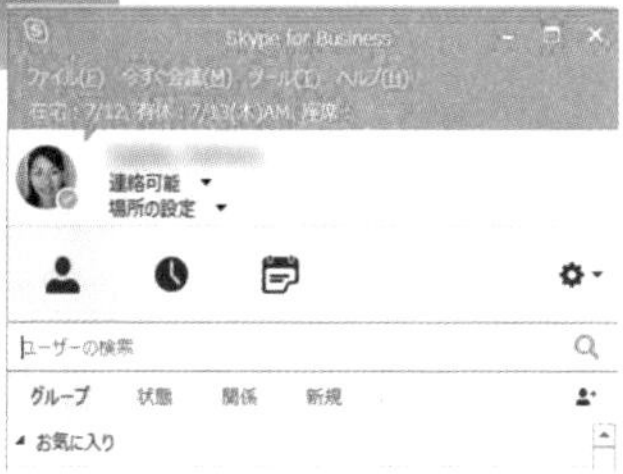


### 나의 일정을 알기 쉽게 표시

사내에서는 '스카이프(Skype for Business)'를 이용하여 연락을 취할 때가 많아서, 자기 이름 위쪽 메모란에 재택근무일 등을 입력하여 동료가 이쪽 상황을 파악하기 쉽도록 합니다.

규칙 **3**

## 상대편 일정을 먼저 확인

서로 협조해야 하는 작업이 많아서 언제가 될지 예고해 두는 것을 습관화. 일찌감치 상대 스케줄을 확보해 두고 있습니다.

규칙 **4**

## 데이터는 모두 디지털화

자유 좌석제라서 전용 책상은 없고 캐비닛만 있습니다. 수납공간도 제한적이므로 데이터, 자료는 디지털화하여 보관합니다.

규칙 **5**

## 팀 구성원과 적극적으로 소통

다른 사무실에 근무하는 사람과 팀이 될 때도 있고, 한 번도 만나지 않고 안건이 종료될 때도 있습니다. 메일, 스카이프, 전화 등으로 정보를 공유하는 것을 염두에 둡니다. 만날 수 있을 때는 적극적으로 점심식사를 함께 하며 소통합니다.

규칙 **6**

## 윈도의 포스트잇 기능을 이용

컴퓨터에 설치된 기능을 이용하여 포스트잇을 데스크톱 컴퓨터에 뜨게 하고 TO DO와 자잘한 메모를 입력하여 잊지 않도록 관리합니다.

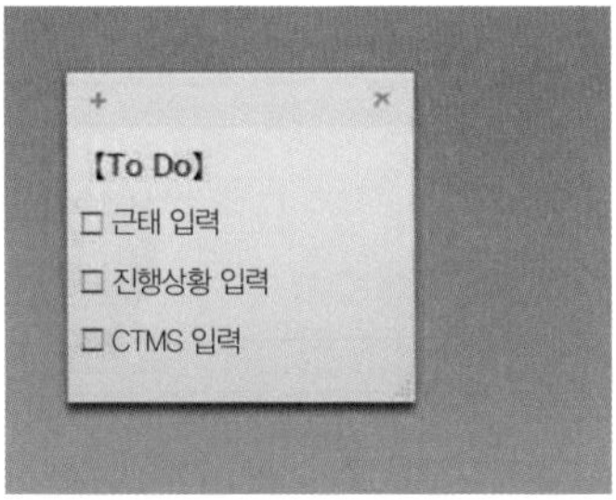


규칙 **7**

## 메일 제목을 알기 쉽게

메일 제목란의 첫머리에 부탁하려는 내용을 [확인 의뢰], [답신 요망] 등으로 한눈에 알 수 있도록 씁니다. 마찬가지로 '○월 △일 □시까지 희망' 등 마감일도 제목에 씁니다.

규칙 **8**

## 스크린샷을 활용하여 '보이게'

확인사항을 알기 쉽도록 스크린샷을 활용하여 메일이나 워드 문서 안에 첨부합니다. 이해하기 쉬워서 답메일이 빨라지는 느낌이 듭니다.

규칙 **9**

## 명함 여백에 연필로 메모를

명함을 받으면 날짜와 어떤 상황에서 만났는지를 반드시 적은 뒤에 무인양품의 A4 파일에 넣어서 관리합니다.

규칙 **10**

### 큰 업무는 작은 업무로 세분화

해낼 수 있을지 불안해질 만큼 규모가 큰 업무는 해야 할 항목을 세분화하여 목록을 만들고, 하나씩 완료하며 진행합니다.

규칙 **11**

### 금방 할 수 있는 일은 즉시 실행

금방 할 수 있는 확인이나 답신은 그 자리에서 합니다. 자신도 상대도 잊기 전에 완료할 수 있으므로 '무슨 안건이었더라?' 하고 생각하는 쓸데없는 시간이 없어집니다.

규칙 **12**

### 워킹맘 모임에서 힘 얻기

'워킹맘 출근 전 모임'을 열어서 각자 업무 수행 아이디어 등을 공유. 똑같이 일하며 아이를 키우는 동료와 이야기하면 에너지를 얻을 수 있고 위로가 됩니다. 좀 더 힘내야겠다는 자극도 받습니다.

규칙 **13**

### 제대로 놀고 제대로 일하기

아이와 같이 보낼 수 있는 기간은 의외로 짧습니다. 휴일은 아이와 외출하거나 취미인 음악을 함께 즐깁니다. 매년 하는 가족여행도 중요하게 여기고 있습니다.

규칙 **14**

### 부부간에 잘하는 일과 못하는 일을 서로 보완하기

남편은 아이와 노는 것이 특기이고 저는 집안일이 특기입니다. 기계적으로 집안일을 분담하여 제대로 안 될 바에야 잘하는 분야를 담당하는 식으로 나눕니다. 수업 참관, 피아노 연습 등에는 남편이 적극적으로 참가합니다.

규칙 **15**

### 가족 건강을 위해 좋은 조미료 쓰기

바빠서 날마다 요리에 신경 쓰지 못하는 만큼 아이와 함께 된장을 담기도 하고 동료 가족과 만들기 이벤트를 열어서 추억을 만들어 줍니다.

적어도 조미료만이라도 좋은 것을 쓰려고 된장과 간장을 직접 만듭니다. 아이들도 즐겁게 참여합니다.

FILE | 04

# 업무도 집안일도 합리적으로 기분 좋게

F. T 씨

DATA

근무처 : 항공사(예약, 발권 업무)

근속년수 : 13년

가족 구성 : 남편, 큰딸(5세), 작은딸(2세)

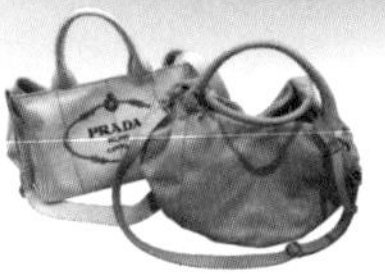



애용하는 출근용 가방
어느 것이나 2way로 사용할 수 있는 것이 포인트. 자전거로 아이들을 바래다 줄 때는 가방을 크로스로 메서 양손을 비웁니다.

F. T 씨의 업무 규칙 **1**

## 탁상 달력으로 업무 스케줄 관리

수첩이 아니라 탁상 달력으로 스케줄을 관리합니다. 책상에서 가장 눈에 잘 들어오는 장소에 두고 예정이 생기는 대로 기입. 업무 외에도 아이들과 관련된 평일 일정도 적어 두고 그날은 되도록 일이 넘치지 않도록 관리합니다. 휴일 등 사적인 일정은 집에 있는 달력에 적기 때문에 완전히 분리되어 있습니다.

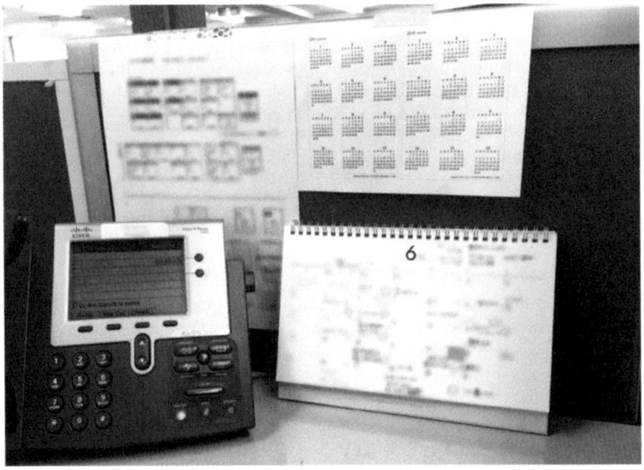



**F. T 씨의 1일 스케줄**

| | |
|---|---|
| 5:00 | 기상. |
| 5:05 | 식기세척기 속 정리, 건조기에서 꺼낸 빨래 개기. |
| 5:45 | 출근 준비, 저녁식사 밑준비. |
| 6:30 | 아침식사. |
| 7:30 | 집에서 출발. |
| 7:50 | 어린이집에 아이들 데려다 주기 |
| 8:40 | 출근, 컴퓨터 부팅. |
| 8:50 | 브리핑. |
| 9:00 | 메일 확인, 달력에서 예정 확인. |
| 14:50 | 잔무 처리. |
| 15:30 ～ 16:00 | 퇴근. |
| 16:30 ～ 17:00 | 어린이집에 아이들 데리러 가기. |
| 17:00 ～ 17:20 | 귀가. |
| 17:30 | 아이들과 함께 목욕. |
| 18:20 | 저녁식사 준비(마무리만). |
| 18:40 | 저녁식사. |
| 20:15 | 거실 전등을 끄고 휴식 모드로. |
| 20:40 | 장난감 정리, 아이들 취침. |
| 21:30 | 집안일, 통근용 가방 정리, 메일 답신. |
| 22:00 | 취침. |

규칙 2

### 사용하기 편한 문구 고르기

필기감이 좋은 제트스트림 펜과 침 없이 고정되는 하리낙스 스테이플러, 붙여도 밑에 있는 글자가 보이는 포스트잇 등 취향에 맞는 문구를 갖춰 두면 기분 좋게 일할 수 있습니다.

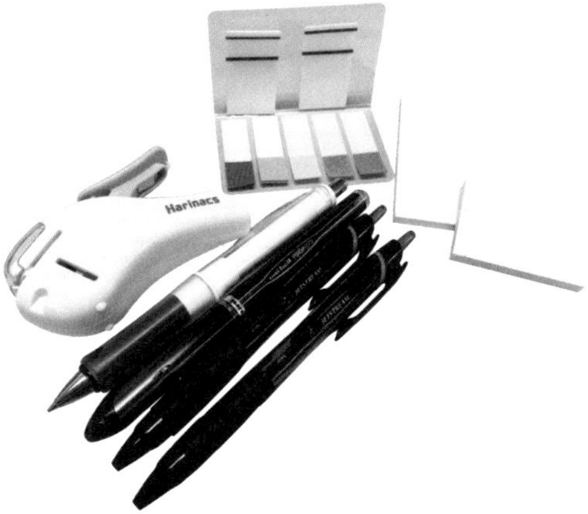


규칙 3

### 동료와 적극적으로 접점을 갖기

점심시간을 생략한 단축근무를 하고 있고 전화 응대가 많은 부서라서, 동료와 이야기할 기회를 만들기가 어렵습니다. 의식적으로 사내 채팅 기능을 활용하여 팀원 등과 그룹채팅으로 업무 인계, 메시지 전달 등을 하거나 짧게라도 말을 걸고 있습니다.

규칙 4

### 인사는 제대로

단축근무라서 동료와 이야기할 기회가 적기 때문에 출근, 퇴근 인사만이라도 제대로 나누려고 신경씁니다.

규칙 5

### 가능하면 인쇄는 NO!

업무 내용은 시스템 안에서 확인하고 되도록 종이에 인쇄하지 않습니다. 꼭 필요한 종이 서류는 클리어파일에 정리.

규칙 6

### 메일은 업무별로 관리

받은 메일함 내에 폴더를 여러 개 만들어서 업무별로 관리합니다. 메일이 도착하는 대로 각 폴더로 분류만 해 둬도 나중에 확인하기가 편합니다.

F. T 씨의 책상 주위

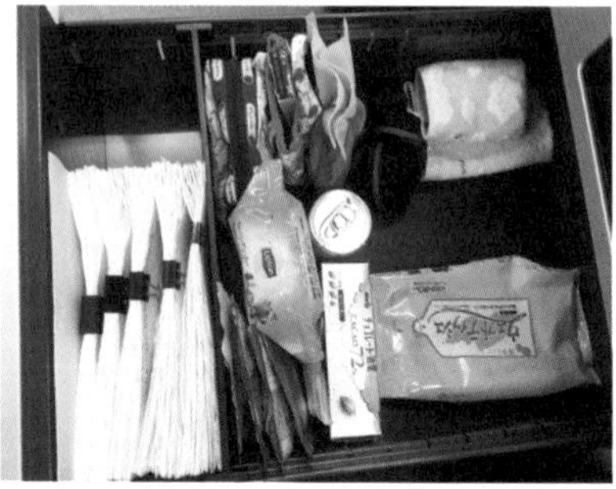

안쪽에는 차 등 휴식용 물품을 수납.

서류는 꺼내기 쉽도록 주로 쓰는 손 쪽에 세워서 수납.

마사지젤, 크림, 전동 칫솔 등 기분좋게 일할 수 있도록 도와주는 물건들 수납.

여유를 두고 물건을 넣고 빼기 편한 서랍으로.

서랍 하단에는 추울 때 사용하는 무릎담요를.

주방에서 일직선으로 갈 수 있는 방에
식탁을 놓아서 동선을 짧게.

규칙 7

## 주방으로 가는 동선을 짧게

주방에서 가장 가까운 방은 다다미방이지만, 되도록 음식을 차리고 치우는 동선을 짧게 하려고 바닥에 매트를 깔고 식탁을 두어 이용하고 있습니다.

규칙 8

## 식재료는 택배로

평일 5일분의 식재료는 신선한 국산 채소와 어육류를 날마다 택배로 보내 주는 서비스로 해결. '저녁엔 또 뭘 먹지?' 하는 고민에서 해방되었습니다. 무거운 식재료는 생협 택배를 이용합니다.

규칙 9

## 가전제품의 힘을 빌리기

출근 전에 로봇청소기를 돌립니다. 집에 돌아와 보면 바닥이 깔끔합니다. 건조기를 사용하여 빨래를 널어 말리는 수고도 없앴지요. 세면실에 수납 장소를 만들어서 빨래를 옮길 필요가 없습니다.

규칙 10

## 집안일을 가족과 나누기

아이들의 양치는 남편에게, 둘째에게 양말과 신발을 신기는 것은 큰딸에게 맡깁니다. 큰딸은 다섯 살이지만 스스로 어린이집 준비물을 챙기고 빨랫감도 분리할 줄 압니다. 일을 가족들에게 맡겨 보니 다들 잘해내서 앞으로도 늘릴 예정입니다.

FILE | 05

# 스케줄을 생각하며 균형 유지

M. K 씨

DATA

근무처 : 금융기관(내부 감사)

근속년수 : 10년

가족 구성 : 남편, 아들(7세), 딸(5세)

애용하는 출근용 가방

출근할 때도 평소에도 사용할 수 있는 디자인. 안쪽에 작은 주머니가 있고 잘 세워지는 등 기능면에서도 우수.

**M. K 씨의 1일 스케줄**

| | |
|---|---|
| 6:00 | 기상. |
| 8:45 | 출근. |
| 17:00 | 퇴근. |
| 22:00 | 취침. |

M. K 씨의 업무 규칙 **1**

## 오피스365(Office365)의 스케줄 기능을 활용

오피스365의 스케줄 기능에 중요 업무, 일과성 업무, 사생활 등 항목마다 색으로 구분하여 입력해서 사용. 해야 할 일 TO DO도 여기에 입력하여 모든 것을 일원화해서 관리합니다.

규칙 **2**

## 손 닿는 곳에 언제나 작은 볼펜 두기

수첩 등에 딸려 있는 타입의 작은 볼펜을 책상, 가방 등에 넣어 두어 금방 꺼낼 수 있도록 합니다. 사내 회의 때는 주머니에 넣고 이동합니다.

규칙 3

### 갑자기 쉴 때를 상정하고 일하기

아이가 있으면 갑작스러운 휴가도 불가피해지니 '내일 갑자기 쉬어도 일이 차질 없이 돌아갈 것'을 생각하며 미리미리 업무를 진행합니다. 다른 사람도 진행 상황을 알 수 있도록 업무에 관한 내용은 공유 폴더에 보관.

규칙 4

### 출퇴근길 전철에서 스마트폰 활용

스마트폰을 사용하여 출퇴근 시간을 알뜰히 활용합니다. 경제 뉴스를 보거나 아이들 어린이집 연락장을 쓰거나 업무 아이디어와 쇼핑 목록을 메모하기도 합니다.

규칙 5

### 집안일 스트레스를 쌓아 두지 않기

로봇청소기, 식기세척기, 대청소 서비스 등 힘을 빌릴 수 있는 건 다 빌립니다. 혼자 하려다가 스트레스가 쌓이는 것보다는 아이와 웃는 얼굴로 접하는 시간을 많이 확보하는 쪽을 중요하게 생각합니다.

아침에 만드는 반찬은 달걀말이뿐. 전날 반찬과 냉장고에 있는 삶은 브로콜리와 방울토마토를 담아서 완성.

규칙 6

### 일과 가정에서 균형을 잘 잡기

일은 힘들지만 즐겁습니다. 육아도 힘들지만 즐겁지요. 회사에 도착하면 육아의 초조함을 잊을 정도로 바쁘고, 집에 돌아가면 일의 고민을 잊을 만큼 정신없습니다. 일과 가정에서 균형을 잘 잡는 것이 중요합니다. 지역의 워킹맘들과 연대하는 활동도 하고 있는데 일과 가정 이외에 제가 머물 곳이 있어 힘이 납니다.

아침마다 기분에 맞춰서 고르는 루피시아 홍차. 홍차를 마시며 마음을 다스립니다. '오늘도 힘내자.' 하고 다짐합니다.

# FILE | 06

# 디지털과 아날로그를 구분하여 사용하기

H. T 씨

DATA

근무처 : 제조회사(홍보)

근속년수 : 13년

가족 구성 : 남편, 아들(3세), 딸(1세)

**H. T 씨의 1일 스케줄**

| | |
|---|---|
| 5:40 | 기상. |
| 8:30 | 출근. |
| 17:00 | 퇴근. |
| 23:00 | 취침. |

애용하는 출근용 가방

가볍고 비 오는 날에도 들 수 있고 노트북도 넣을 수 있어서 롱샴 토트백을 애용.

H. T 씨의 업무 규칙 **1**

## 스케줄러는 연필로 쓰기

한눈에 일정을 파악하려고 먼슬리 타입으로 된 종이 스케줄러를 사용합니다. 예전 상사의 영향으로 스케줄러는 변경하기 쉽게 연필로 씁니다. 개인적인 일정도 여기에.

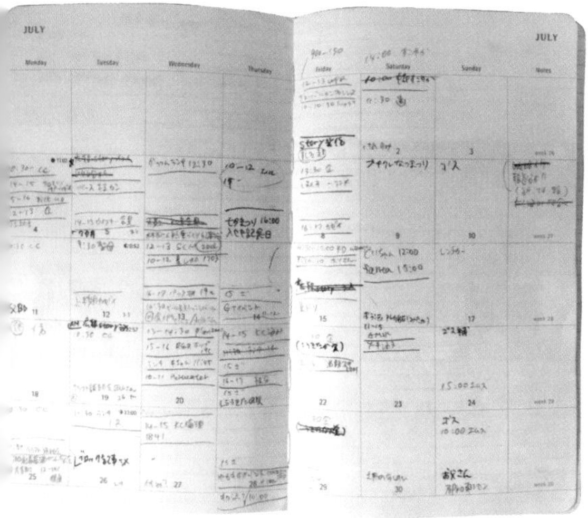

규칙 **2**

## 현금 봉투 상비

은행에 갈 시간이 없어서 지갑이 텅 빌 때가 아주 가끔 있습니다. 동료에게 빌린 돈을 갚을 때는 현금 봉투에 넣어서 건네기 때문에 언제나 서랍에 준비해 둡니다.

규칙 3

### 신발은 책상 밑에서 갈아 신기

아이를 데려다주고 데려올 때는 굽 없는 신발을 신으니까 회사 책상 아래에 하이힐을 놔두고 갈아 신습니다. 신발을 갈아신으면 업무 모드로 전환됩니다.

규칙 4

### 동료와 모임 열기

홍보 업무를 하고 있어서 동료와 주1회 마음에 드는 기사에 대해 이야기하는 모임을 합니다. 회식에는 잘 참여하지 못해서 이 시간을 이용해 잡담도 하고 소통합니다.

규칙 5

### TO DO 목록은 책상에 직접 붙이기

TO DO 관리는 수첩이 아니라 포스트잇으로. 한 가지씩 끝내면 줄을 긋고 다 마치면 새 포스트잇을 붙입니다. 해야 할 일을 한눈에 볼 수 있고 1장을 끝낸 뒤에 버리면 성취감도 느껴집니다.

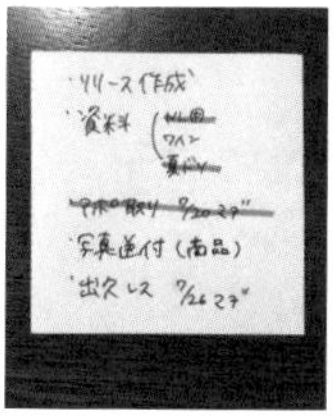

규칙 6

### 중요한 일부터 먼저 진행

가볍게 끝나는 일부터 시작하고 싶어지지만, 중요한 일부터 끝내야 효율적이라는 점을 육아휴가에서 돌아와서 깨닫고 중요도가 높은 쪽부터 시작합니다.

규칙 7

### 집안일은 부부가 나눠서

저는 통근 시간이 30분, 남편은 2시간. 평일에는 남편이 쓰레기 내놓기와 욕실 청소만 담당합니다. 휴일에는 각각 해야 할 일을 정하고 일을 나누는데, 요리와 설거지 등은 남편이 담당합니다.

규칙 8

### 가족 스케줄은 '타임트리(TimeTree)' 앱으로 관리

이전에는 종이 달력에 가족의 스케줄을 써 두었어요. 그런데 외출하면 확인할 수 없어서 스마트폰 앱으로 옮겼습니다. 가족 모두의 스케줄을 한 번에 확인할 수 있어 편리합니다.

FILE | 07

# 사전 준비로 갑작스러운 일에 대응하기

A. Y 씨

DATA
직업 : 채용 컨설팅(사무)
근속년수 : 7개월
가족 구성 : 남편, 큰아들(9세), 작은아들(4세)

**A. Y 씨의 1일 스케줄**

| | |
|---|---|
| 7:30 | 기상. |
| 10:00 | 출근. |
| 16:00 | 퇴근. |
| 00:00 | 취침. |

A. Y 씨의 업무 규칙 1

## 업무용 '마이 노트' 적기

날짜를 적은 뒤에 회의 메모나 TO DO를 계속 적어 가는 방식. 노트를 내용에 따라 나누지 않고 시간 흐름에 따라 적습니다. 이 한 권만 다시 보면 자료를 여기저기에서 찾을 필요가 없어 편리합니다.

애용하는 출근용 가방
복장이 자유로운 회사. 짐을 많이 넣을 수 있고 양손이 자유로워 활동하기 쉬운 백팩을 애용.

규칙 2

## 아이 보험증 가지고 다니기

매일 사용하는 유치원 출입카드는 물론 초등학교 출입카드도 언제나 소지. 보험증과 진찰권을 파우치에 넣어 가지고 다니면 급할 때 집에 들르지 않고 병원에 갈 수 있습니다.

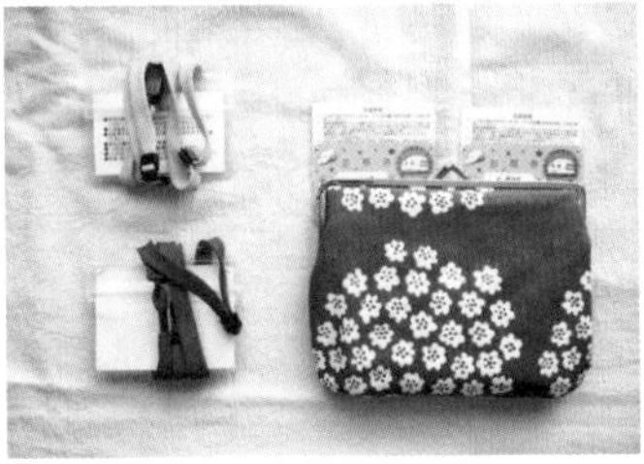

규칙 3

### 웃는 얼굴로 일하기

일이 바쁘고 힘든 상태에서도 동료나 상사와 이야기할 때는 조금 기운을 내서 웃는 얼굴로 대합니다. 기분 좋은 소통을 위한 것이기도 하고 스스로의 기분을 바꾸는 데도 도움이 됩니다.

규칙 4

### 스케줄은 모두 구글 캘린더로 관리

업무 스케줄은 구글 캘린더로 다른 스태프와 공유합니다. 아이 학교 행사로 회사에 늦는 날이나 휴가 일정도 입력해 놓으면 편리합니다. 집에서도 스마트폰으로 일정을 확인할 수 있어서 좋습니다.

규칙 5

### 식재료 상비해두기

장을 보러 가지 못해도 저녁식사를 만들 수 있도록 식재료를 상비. 인스턴트 지라시스시, 오이, 달걀은 떨어지지 않도록 합니다. 편의점에서 게맛살만 사면 지라시스시를 만들 수 있어요.

규칙 6

### 자기 전에 향기로 아이와 릴랙스

향기를 맡으며 릴랙스하면 잠을 푹 잘 수 있어요. 침실에서 아로마 향을 피우거나 방향제를 뿌립니다. 아이도 즐기고 있답니다.

FILE | 08

# 사소한 아이디어로 업무도 집안일도 편하게

N. H 씨

DATA

직업 : 시스템 엔지니어(소프트웨어 개발)

근속년수 : 13년

가족 구성 : 남편, 아들(7세), 딸(4세)

| N. H 씨의 1일 스케줄 | |
|---|---|
| 6:30 | 기상 |
| 9:00 | 출근 |
| 16:00 | 퇴근 |
| 23:00 | 취침 |

N. H 씨의 업무 규칙 1

## 출근용 가방 정해두기

정기권 케이스나 사원증 등 물건을 잊어버리는 원인이 되니까 통근용 가방은 하나로 정해 두고 날마다 바꾸지 않습니다. 기본적으로 낡을 때까지 애용한 뒤에 다음 가방으로 바꾸지요.

애용하는 출근용 가방
어깨에 걸거나 팔에 걸어도 좋고 손에 들어도 편한 손잡이 길이가 마음에 듭니다. 정장에도 캐주얼에도 다 어울리는 점도 좋아요.

규칙 2

## 노트는 '롤반(Rollbahn)'으로

입사 이래 계속 똑같은 브랜드를 사용하고 있습니다. 모눈 노트라서 그림이나 글자를 자유롭게 쓸 수 있는 점이 맘에 듭니다. 페이지 절취가 가능하고 마지막 페이지에는 클리어포켓이 붙어 있기 때문에 노트가 바뀌어도 중요한 메모는 계속할 수 있습니다.

규칙 **3**

### 중요한 회식은 꼭 참석

프로젝트를 마친 후 뒤풀이나 송년회 등 중요하다고 생각하는 자리에는 참석합니다. 동료와의 소통도 중요하니까요.

규칙 **4**

### 탁상 달력에 매일 × 표시

스케줄러와는 별개로 책상에 탁상 달력을 두고, 귀가 전에 그날에 '×' 표시를 하는 습관을 들였습니다. 그러면 다음 날 '오늘이 며칠이더라?' 하고 생각하지 않아도 날짜가 눈에 딱 들어옵니다.

규칙 **5**

### 업무 중에도 늘 스마트폰 목에 걸기

초등학교, 어린이집, 아이한테서 언제 전화가 걸려올지 모르니까 업무 중에도, 역과 어린이집 사이를 자전거로 이동할 때도 넥 스트랩을 이용하여 꼭 스마트폰을 목에 걸고 있습니다.

규칙 **6**

### 일주일 식단표를 만들기

주말에 일주일치 장을 보러 가서 식단을 작성. 나중에는 그대로 만들기만 하면 되니까 끼니 때마다 고민하지 않아도 됩니다. 남편이 식단을 짜며 장을 볼 때도 있고요.

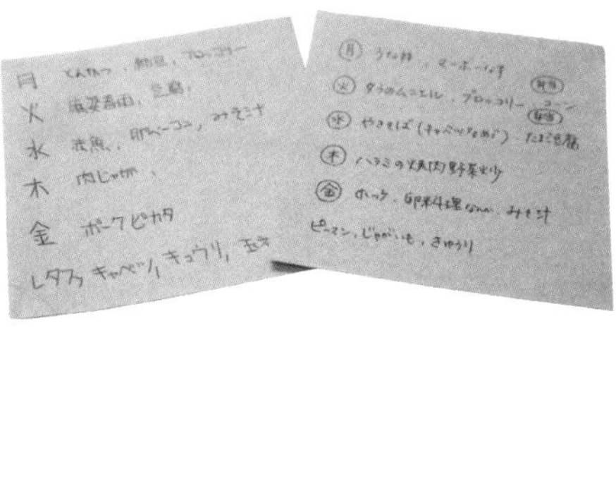

Emi 씨에게 묻고 싶다!

# Q&A

P.126~151에서 일에 대한 취재에 응해 주신 분들에게 업무상 고민을 들어 보고, "Emi 씨에게 묻고 싶다!"고 한 질문에 답했습니다.

## Q1 업무 모드에서 육아 · 집안일 모드로 어떻게 기분을 전환하나요?

**A** 솔직히 말씀드리면 저는 일을 좋아해서 24시간 내내 머릿속으로는 일에 대해 생각하고 있는 상태입니다. 그러나 아이와 있는 시간을 소중히 여기고 싶어요. 프리랜서가 된 지 2년째에 '밤에는 컴퓨터를 켜지 않는다'는 규칙을 만들었습니다. 시간 전환 스위치는 남편과 날마다 맥주로 건배하기입니다. '스위치 오프'하는 셈입니다.

## Q2 눈에 보이게 해 놓지 않으면 해야 할 일을 잊어버립니다. 그래서 언제나 책상 위에 제출할 서류나 작성 중인 자료, 읽고 있는 책을 놔둡니다. 점점 쌓여가지만 그대로 두고 있는 나날이 이어집니다. 깊이 넣어 두면 깜빡하는데 좋은 방법이 있을까요?

**A** 깊이 넣으면 잊어버리니 눈에 보이게 해야겠다고 스스로 깨달은 건 무척 좋습니다. 다만 '점점 쌓여가면' 아무래도 밑에 있는 것을 꺼내기 어려워져서 결국 하지 않게 되는 경향이 있죠. 저 같으면 역시 파일박스에 '세워서 수납'하여 쉽게 꺼낼 수 있는 환경을 만들겠습니다. '새로운 것은 오른쪽에서부터 넣는다' 같은 규칙을 정해 두면 찾는 시간을 줄일 수 있습니다.

## Q3 구성원들이 오랫동안 일할 수 있는 환경을 만들기 위해 염두에 두어야 할 일이 있을까요?

**A** '내일도 또 회사에 오고 싶다'는 생각을 하는데 있어서 가장 중요한 것은 인간관계입니다. 집에 바람이 잘 통하는 환경을 만들듯이 저는 인간관계를 다지기 위해 점심시간에는 다함께 식사를 합니다. 연 2회는 스태프의 가족도 직장으로 초대하여 송년회를 엽니다. 집에서도 회사 일이 화제에 오르면 좋겠지요. 또 일하는 장소의 환경(향기, 식물 등)을 기분 좋은 상태로 가꾸는 것도 중요합니다. 기분 좋은 환경은 원활한 의사소통의 중요한 요인입니다.

## Q4 회사원의 복장에 대해 조언해 주세요.

**A** 복장이 비교적 자유로운 회사였지만 주위 사람은 자유롭게 입어도 저는 반드시 재킷 차림으로 프레젠테이션에 임했습니다. 스스로 마음가짐을 굳건히 하고, 듣는 이에 대한 예의를 갖추기 위해 항상 명심했습니다. '바로 지금이야!' 하고 승부를 걸어야 할 때 입을 수 있는 옷을 미리 정해 두는 것도 좋겠지요.

## Q5 아이와 자신의 몸 상태 관리를 위해 신경 쓰고 있는 것이 있나요?

**A** 20대 무렵, 산후에 직장에 복귀하고 나서 한 달에 한 번은 고열이 나는 등 몸 상태가 나빠서 회사를 쉬곤 했습니다. 한 번 점검해 봐야겠다는 생각에 제 생활을 돌아봤습니다. 프리랜서가 된 뒤에는 특히 아이와 함께 밤 9시에서 10시에는 취침하려고 했습니다. 질 좋은 수면을 하기 위해 노력할 것, 밤에는 일을 하지 않을 것, 이 점에 신경을 씁니다. 아이에게도 마찬가지입니다. 수면을 중요시하고 반드시 운동을 시키고 있습니다. 일하다 보면 날마다 공원에 데려가진 못하지만 금요일 저녁에는 반드시 함께 공원에 갑니다.

## Q6 시간 절약 화장법, 시간 절약 머리 손질법의 노하우가 있으면 알고 싶습니다.

**A** 아이가 어리면 시간이 없기 때문에 화장과 머리 손질은 간단하게 하고 싶지요. 하지만 단정하게 보이고 싶다는 마음도 있어서 여러 가지로 고심하고 있습니다. 화장품 파우치 안에는 주로 쓰는 제품만 담아서 화장품 고르는 시간을 줄입니다. 아이섀도 팔레트도 갈색 계열 하나만 가지고 있습니다. 머리는 활동하기 편하도록 묶을 때가 많습니다. 하나로 묶을 여유밖에 없는 아침에는 정수리 부분을 조금 잡아 빼거나 옆머리를 조금 빼는 등 딱 부러지게 묶기보다 조금 흐트러뜨려서 분위기를 내고 있습니다.

## Q7 자기계발 삼아서 하고 있는 것이 있나요?

**A** 지금은 무언가를 배우러 갈 시간 여유도, 마음의 여유도 없지만, 집에서 유튜브를 보며 요가를 합니다. 기분 전환이 되지요. 또 손톱은 늘 깔끔하게 유지하고 싶어서 셀프 네일케어를 시작했습니다. 아이가 아직 어려서 지금은 밖에 나가서 자기계발을 하기엔 무리입니다. 집에서 스스로 할 수 있는 것을 찾고 있어요.

# FILE 09

# OURHOME의 일하는 법

## 워킹맘들의 워라밸 만들어가기

혼자서 시작한 회사인 OURHOME. 어느새 스태프가 8명으로 늘었습니다. 목표로 하고 있는 것은 '내일도 가고 싶고, 일이 하고 싶어지는' 회사입니다. 그렇게 될 수 있도록 조직을 꾸리고 유연하게 일할 수 있도록 늘 고민하고 있습니다.

하루에 몇 시간만 근무하거나 주 몇 회만 근무하는 방식, 아기 동반 근무를 도입한 것도 그 일환입니다. 오래도록 함께 일하고 싶기에 어떤 방식이든 무리라고 단정 짓지 않습니다. 각자의 생활과 사고방식에 맞게 일하는 방식을 우리 스스로 만들어 가려고 합니다.

OURHOME은 "우리 가족에게 '딱 맞는' 생활 찾기"를 콘셉트로 하여 생활 아이디어를 제공하고 오리지널 상품을 취급하고 있습니다.

지금은 아기도 출근 중.
오리지널 상품 기획 등을 중심으로 담당하는 야마자키 씨는 출산휴가에서 복귀한 스태프. 아기가 어린이집에 들어갈 때까지 아기를 데리고 주 1~2회 오전 근무를 하고 있습니다.

**개인 책상을 정해 두지 않는 '프리 어드레스'제**

노트북과 파일박스 하나만 있으면 어디서든 일할 수 있는 상태가 됩니다. 프리 어드레스제로 하면 공간을 유연하게 사용할 수 있고, 물건을 옮기기 쉬운 양으로 유지하려는 마음이 들어서 필요 없는 물건을 버리고 꼼꼼하게 정리하게 됩니다.

## 누구나 일하기 편하고 기분 좋은 직장으로

OURHOME의 사무실은 강의실로도 사용하는 큰 방과 백오피스, 탕비실로 구성되어 있습니다. 큰 방은 다양한 방식으로 사용하기 때문에 책상은 고정하지 않고 접이식 테이블, 겹쳐서 수납이 가능한 의자를 사용합니다. 필요할 때마다 옮겨서 구조를 변경하여 사용합니다.

백오피스를 포함하여 개인 책상이 없는 프리 어드레스제입니다. 책상을 고정하면 물건이 쌓이기 쉬워서 그것을 방지하기 위한 아이디어입니다.

식물, 향기, 음악을 활용하여, 일하는 사람들이 기분 좋게 느끼도록 여러 아이디어를 내고 있습니다.

## 초록을 듬뿍

식물은 그 자리에 있기만 해도 기분이 편안해집니다. 사무실의 딱딱한 분위기가 부드러워지지요. 살아 있는 식물을 보며 성장을 느끼고 대화의 소재가 되기도 합니다.

## 산뜻한 향으로 기분 전환

장시간 머물러야 하는 장소라서 향도 중요합니다. 레몬글라스 아로마오일을 피워서 기분 전환을 하고 있습니다. 물을 갈아 주는 수고를 없애려고 기화식 기기를 사용합니다.

## 편안한 음악이 좋다

음악이 없으면 별것 아닌 소리에도 신경이 쓰여서 마음이 어수선해지기 때문에 카페의 배경음악처럼 음악을 틀어 둡니다. 일이 방해되지 않도록 가사 없는 연주곡 중심입니다.

## OURHOME의 정리 수납 규칙

공간을 유연하게 사용하려고 합니다. 자유자재로 조립 가능한 철제 책꽂이, 서랍 케이스, 파일박스 등을 이용하여 이동과 배치를 바꾸기 쉬운 구조로 만들었습니다. 라벨을 붙이면 누구든 알 수 있는 상태입니다.

**문구도 다 함께 공유**

공유 선반에 A4 파일박스와 모양이 같은 미니 서랍장을 두고 문구류를 보관합니다. 일부러 서랍을 빼지 않아도 물건을 쉽게 다시 넣을 수 있는 모양으로 선택했습니다.

▶

**공유 스페이스에 대부분의 물건을 보관한다**

백오피스 수납의 기본이 되는 것은 자유롭게 조립할 수 있는 철제 책꽂이. 개인용 파일박스(1인 1박스), 전표, 문구류, 명함, 각종 용지 등을 이 책꽂이 하나에 모아 놓습니다. 출근하면 우선 상단에서 개인 박스를 꺼내 업무를 시작합니다.

**자료를 정리하기 쉽게 마스킹테이프 붙이기**

잡지는 자료로 자주 사용하기 때문에 원래 위치에 갖다놓기 편하게 잡지 책등과 상자에 같은 색 마스킹테이프를 붙였습니다. 색만 맞추면 누구든 원래대로 가져다 놓을 수 있습니다.

**탕비실은 누구든 알 수 있게 수납**

차 · 커피, 컵, 비닐봉지, 간식 등 1종류 1상자 원칙은 여기에서도 적용. 라벨을 붙여 두어서 입사 첫날부터 물건을 사용할 수 있도록 합니다.

佐藤
大地
矢原
上垣内
西口
山崎
友廣
Lesson
売上
名刺
支出
クリアファイル
A4白用紙
A4うらがみ
デジタル
インク・L版
光沢紙
シール用紙
封筒
クリップ
カッター
黒ペン
ホッチキス
ボンド・のり
フリクション
はんこ
メモ
鉛筆・消しゴム
切手
ふせん 大
油性ペン
電池
ふせん小
カラーペン
指サック
修正ペン
新しいノート
テプラ
セロテープ
マスキングテープ
ガムテープ

# OURHOME의 일하는 법 아이디어

스태프 전원이 워킹맘이고 출근시간과 일하는 날수도 제각각. 그래서 소통을 중요시하고 짧은 시간이라도 효율적으로 일할 수 있는 아이디어를 모았습니다.

## 아침 미팅에서 '오늘 할 일'을 선언한다

아침 미팅에서는 전원이 오늘 할 일을 다른 사람에게 알립니다. 서로의 업무를 알고 있는 것이지요. 조금 여유가 있는 사람이 바쁜 사람을 도울 수 있습니다. 자신이 오늘 할 일을 명확히 인지하는 것으로 이어지는 등 장점이 많습니다(P.64 참조).

## 청소는 다 함께

다 함께 일하는 장소이니 청소도 다 함께. 매일 아침 10분 정도를 정해 놓고 그 시간이 되면 일과처럼 시작합니다. 이 시간은 수다 타임이 되기도 합니다.

### 15분짜리 '즐거운 모임'

매일 점심시간 후에는 상품 아이디어를 내는 등 전원이 한 가지를 공유하는 시간이 있습니다. 사진은 스태프가 자기 프로필을 슬라이드쇼로 설명하는 모습. 동료의 몰랐던 면을 알 수 있어서 업무에도 활기를 줍니다.

| | |
|---|---|
| Mon | 정리 타임 |
| Tue | 고객 설문 공유 |
| Wed | 상품 제작 의견 교환 |
| Thu | 효율 UP 정보 공유 |
| Fri | 메일매거진 칼럼 아이디어 제출 |

### 야근은 NO!<br>정해진 시간까지 업무 마치기

저는 오후 5시까지, 다른 스태프는 각각 정해진 퇴근 시간에 업무를 마칠 수 있도록 스케줄을 미리미리 진행합니다. 야근은 하지 않고 내일 할 수 있는 일은 내일로 넘기고 있습니다.

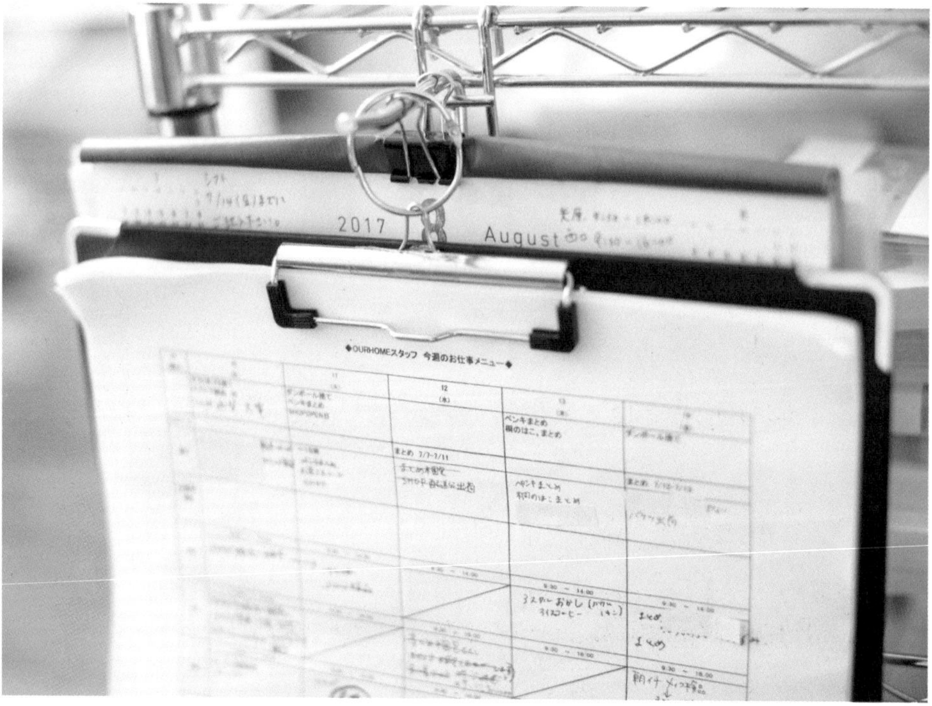


**'업무 메뉴'로 스태프 업무 관리**

언제까지 누가 무슨 일을 하는지, 한 달 치 업무 내용을 할당한 월간 스케줄을 모두 볼 수 있는 장소에 둡니다. 이것만 확인하면 전달 사항이 한눈에 보여서 업무를 원활하게 진행할 수 있습니다.

## 업무에 붙이는 이름도 재미있게

신년에 하는 연간기획회의에 우리는 'OURHOME, 앞으로 힘내자 모임 / 20××년'이라는 이름을 붙였습니다. 딱딱한 '연간기획회의'보다 조금 두근거리기 때문이지요. 업무 배당표는 '업무 메뉴', 친목회는 '즐거운 모임'이라고 부릅니다.

별것 아닌 듯 보이지만 이름 하나로 즐겁게 느껴집니다. '남이 시킨 일을 하고 있다', '귀찮다'라고 생각하면 시시해지기 마련. 적절한 이름을 붙여서 긍정적인 느낌을 가지려고 합니다.

**생일에는 꽃을 선물**

스태프 생일에는 OURHOME에서 꽃을 선물합니다. 누구든 꽃을 받으면 기쁘지요. 집에 장식했을 때 자연스럽게 회사 일을 화제에 올려서 가족과 회사의 관계도 가까워지길 바라는 마음에서 하는 이벤트입니다.

**회사에서 송년회 개최**

연말에는 스태프와 그 가족도 함께 초대하여 사무실에서 송년회를 엽니다. 서로 얼굴을 보면 아내, 엄마의 회사 동료에게 친근감이 생기고 업무에 대한 이해도 깊어집니다.

## 가족과도 이어지는 소통

일과 생활은 이어져 있습니다. 그러므로 스태프 가족들이 그 스태프의 업무와 업무 환경을 알게 해 주는 것이 좋습니다. 아내나 엄마가 어떤 사람과 어떻게 일하는지 알면, 업무에 대해 가족의 이해도 깊어지고 배려심도 생겨서 일하기가 편해집니다.

또 스태프의 가족, 즉 아이가 축구에 빠져 있다든가 남편이 장기 출장을 가서 집에 없다는 사실 등을 서로 아는 것도 업무를 하는 데에 긍정적으로 작용합니다. 휴가를 냈을 때 서로 흔쾌히 보조를 할 수 있는 등 관계가 원활해집니다.

# OURHOME
# 스태프가 일하는 법

일에 시간을 어느 정도 할당하고 싶은지, 어떻게 일을 해 나가고 싶은지는 사람마다 자세가 다르므로 스태프가 일하는 법도 다양합니다.

스태프 도모히로 씨

DATA

근무시간 : 9:30~16:00

근무일수 : 주 5일

가족 구성 : 남편, 장남(5세)

고객에게 발송하는 메일매거진 작성, 인스타그램, 홍보, 한 달에 몇 번 오픈하는 매장 운영을 담당한다.

## 업무 배분에 신경을 써서 주 5일 근무

의류업체에서 6년 근무한 뒤 출산으로 퇴사. 아이가 2세가 됐을 무렵에 일에 복귀했고, 제과점 등을 거쳐 OURHOME 스태프가 되었습니다.

"모집 공고를 보고, 제가 하고 싶은 일이라 용기를 내서 지원했습니다. 아들은 유치원에 가는 걸 즐거워하고 저도 일을 좋아해서, 서로 플러스라고 생각하여 주 5일 근무를 선택했어요."

신경 쓰는 점은 업무 배분. 주초에는 이번 주 할 일을, 아침에는 오늘 할 일을 시간별로 배분한 뒤에 업무를 시작합니다. 야근을 하거나 집에 일을 가지고 가지 않기 위해 미리 해 놓으려고 늘 신경 쓰고 있습니다.

스태프 야하라 씨
DATA
근무시간 : 9:30~14:00
근무일수 : 주 3, 4일
가족 구성 : 남편, 장녀(6세), 차녀(4세)

고객과 직접 연결되어 있기 때문에 검품, 포장, 발송도 꼼꼼하게.

## 균형 중시파는 단시간 근무도 가능

은행 근무를 거쳐 출산으로 퇴사 후, OURHOME 이벤트를 돕게 되어 현재는 주 3, 4회 반일 근무 중입니다. 수주 확인, 검품, 포장 등 온라인 숍에 관한 업무를 맡고 있습니다. "아이와 지낼 시간을 확보하면서 균형있게 일하고 싶어요. 근무 체계를 선택할 수 있는 직장은 정말 고맙지요."

단시간 근무이기 때문에 동료에게 확실하게 내용을 전달하는 등 소통을 중요시하고 있습니다. "전달 사항 등은 구두로만 하지 않고 나중에 검색하기 쉽게 사내 메일로 보냅니다."

COLUMN

## 못하는 이유를 찾지 말고 어떻게 하면 할 수 있을지 생각한다

"못하는 이유를 찾지 말고, 어떻게 하면 할 수 있을지 생각하세요."

대학을 갓 졸업하고 입사한 회사에서 만난 상사가 해 준 말입니다.

아직 제대로 된 업무도 맡지 못하고 업무가 어떤 것인지 헤매던 직장인 1년 차 봄. 아직 실감이 나지는 않았지만 중요한 말이라는 생각이 들어서 노트에 적어 두었습니다.

그로부터 14년이라는 세월이 지난 지금, 제게 없어서는 안 될 말이 되었습니다. 일에서든 가정에서든 실은 이 말 하나면 바꿀 수 있습니다.

"당신이 해 주지 않아서", "비용이 맞지 않아서", "집이 좁아서", "수납공간이 좁아서"라고 못하는 이유를 찾지 말고 어떻게 하면 할 수 있을지 생각합니다. 고민해도 어쩔 수 없는 일에 시간을 허비하지 말고 어떻게 하면 해결할 수 있을지 생각합니다.

업무에서도 가정에서도 곤란한 상황은 늘 있습니다. 예정된 납기에 맞추지 못하거나 아이 유치원이 문을 닫아 갑작스럽게 쉬어야 하는 등 예상하지 못한 일도 일어나고요. 젊었을 때는 실패나 곤란한 일 하나로 고민에 빠졌던 시기도 있었지만, 지금은 한순간 좌절했다가도 그 후에는 새롭게 생각할 수 있게 되었습니다. "못하는 이유를 찾지 말고 어떻게 하면 할 수 있을지 생각한다." 이 말 덕분입니다.

# CHAPTER 4

# 생각 정리 아이디어

# 안 좋은 일은 빨리 털어낸다

⁂

"Emi 씨는 언제나 긍정적이네요."라는 말을 거래처 사람이나 수강생에게 들을 때가 있습니다. 하지만 원래 저는 툭 하면 움츠러드는 성격에 부정적으로 일을 질질 끄는 타입이었습니다. 그러다 일을 시작하고 결혼을 하고 쌍둥이가 태어났지요. 나만을 위해 사용할 수 있는 시간이 줄어드는 사이에 **'우울하게 풀죽어 있는 시간이 아까워.'** 하고 생각하게 되었습니다.

일을 하다 보면 잘 되지 않기도 하고 불합리한 일도 일어납니다. 시간을 들여 계약 직전까지 갔다가도 파기되거나, 성의를 다해 함께 일하던 상대에게 배신을 당하기도 합니다.  물론 그런 일이 일어나면 지금도 낙심합니다. 상대를 책망하고 싶어지기도 합니다. 그러나 딱 하루. 그 이상은 질질 끌지 않기로 했습니다. 그렇게 할 수 있게 된 것은 **'오늘이 아니었나 봐.' '이 상대가 아니었나 봐.' 하고 기분을 전환**하는 사고방식 덕분입니다.

거의 다 될 뻔하다가 파기된 계약도 그 후에 더 좋은 거래처를 만나 계약으로 이어졌습니다. 처음 계약보다 결과적으로는 업무 폭이 넓어졌습니다. 신뢰 관계가 흔들린 업무 상대와 하던 일도 그 후 다른 인연을 만나서 더 좋은 방향으로 달리기 시작했습니다. 이것도 지금은 '이 사람과 함께 하기 위한 것이었어.'라는 긍정적인 마음이 듭니다.

좋지 않은 일이 생긴 후에는 좋은 일이 일어납니다. 일도 인생도 그 반복입니다. 이 사실을 알게 된 후에는 **계속 안 좋은 일만 있는 게 아니니까** 낙심하고 있는 시간이 아깝다는 생각이 들었어요. 대신 앞을 보자고 생각했습니다.

남을 원망해 봤자 앞으로 나가지 않습니다. 그 대신 '분명 누가 말리고 있는 거야.', '다른 선택이 더 낫다고 누가 가르쳐 주는 거야.'라고 받아들이기로 했습니다. 안 좋은 일이 있다면 그것은 다음 단계로 가야할 시점입니다. 받아들이는 법을 조금 달리했더니 우울한 기분을 오래 끌지 않는 힘이 조금씩 생겼습니다.

# 인간관계가 어려울 때는 내가 먼저 변해 본다

⁂

업무 고민은 업무 내용에도 원인이 있지만 인간관계도 큰 원인입니다. 사람과 사람이 모이면 큰일에서부터 소소한 일까지 다툼이나 마찰은 늘 생깁니다. 일을 하다 보면 다양한 사람과 만나는데, 어이없는 일을 당하거나 기분 좋게 일하지 못하는 사람과 일을 계속해야 할 때도 있습니다.

그럴 때는 누구라도 마음이 힘들어져서 '이걸 고쳤으면.' '바꿨으면 좋겠는데.' 하고 생각하는 법입니다. 하지만 다른 사람의 성격이나 행동을 바꾸는 데는 노력이 많이 필요합니다. 시간도 걸립니다. 그래서는 자신만 괴로울 뿐이지요. 그러므로 **인간관계가 잘 되지 않을 때는 자신이 변해 보는 것이 더 빠릅니다.**

저는 3년 전 남편과 함께 창업을 했어요. 15년 동안 함께 지낸 사이니까 남편에 대해서는 잘 안다고 생각했습니다. 하지만 일을 해 보니 서로 기준이 달라서 처음에는 충돌할 때가 많았습니다. 저는 남편이 변하기를 바라지 않고, 제가 전달하는 법을 바꿔 보거나 제 마음가짐을 달리하며 조금씩 접근하고 타협했습니다. 지금은 사적인 면에서는 물론이고 일에서도 가장 소중한 파트너가 되었습니다.

만일 나한테 인사를 하지 않는 후배 때문에 속을 끓이고 있다면 내가 먼저 웃는 얼굴로 인사를 해 봅니다. 다른 이에게 부탁한 업무가 100점이 아니더라도, 맡긴 일은 기대했던 것의 절반이면 된다고 마음을 바꿔 봅니다.

그러는 사이에 분명히 **다른 능력도 자랍니다.**

사태가 금방 개선되지 않는다 해도, 큰일이라고만 생각하며 시간을 보내기보다 우선 자신을 바꿔보는 것부터 도전해 봅니다. 그 편이 훨씬 긍정적이고도 마음 편한 방법입니다.

# 괴로울 때 성장한다

⁂

회사원 시절에 입사동기가 "이 말을 중요하게 여기고 있다."며 가르쳐 준 말이 있습니다.

"괴로울 때는 오르막길."

지금도 언제나 떠오르는 말입니다. 실제로 등산을 가면 오르막길을 오를 때가 괴롭습니다. 그러니 일에서 힘들다고 느낄 때, 과제의 문턱이 높아서 못 넘겠다고 느꼈을 때처럼 괴로울 때일수록 '지금 나는 오르막길을 오르고 있다. 오르막길 너머에는 정상이 있고 아름다운 경치가 기다리고 있다. 보고 싶은 풍경을 만나려면 오르막길을 열심히 걸어야 한다. 괴로운 지금 이 상황을 넘어서면 좋은 일이 있다. 이 언덕을 다 넘고 나면 나는 한 발짝 더 성장해 있을 테고 다음 단계로 나갈 수 있다.' 그렇게 생각하면 괴로운 상황도 긍정적으로 대할 수 있는 마음이 생깁니다.

즉, **괴로울 때는 성장의 과정에 있다**고 생각하게 되었습니다. 괴로우니만큼 상황을 타파하기 위해 곰곰이 생각하거나 뭔가를 바꿔 보려 하고 열심히 해야만 합니다. 새로운 한 걸음을 내딛는 계기가 되기도 하고 깨달음을 주기도 합니다.

반대로 '최근에 이것저것 잘 되어 가는 것 같네.', '일이 편해져서 기분 좋다.' 싶을 때는 내리막길일지도 모릅니다.

회사원 시절에 제 페이스에 맞게 일을 할 수 있고 다양한 아이디어도 낼 수 있게 되어 여유가 생겼다고 느꼈습니다. 그 무렵, 뛰어난 후배가 입사했는데 일을 잘하는 것은 물론 해외 출장 때 영어를 유창하게 하는 모습에 충격을 받았습니다. 자극을 받는 동시에 여유가 생겼다고 느꼈을 때 좀 더 공부를 해 둘 걸 하는 후회가 들었어요.

일이 다 잘 돌아가고 마음이 편해졌을 때야말로 앞일을 생각하여 다음 한 수를 두는 것이 중요하다는 사실을 배웠습니다.

# 우울해지는 바이오리듬 파악하기

*
**

지금까지 책을 열 권 냈습니다. 도중에 헤매지 않고 순조롭게 책을 만들었던 적은 한 번도 없습니다. 매번 허우적거리고 고민하며 작업했지요. '이런 내용으론 안 되겠어.', '내가 전하려는 내용이 잘 전달될까.' 싶어 출간을 포기하려고 할 만큼 우울해지기도 했습니다.

하지만 여러 번 책을 만드는 사이에 이렇게 침울해진 뒤에는 반드시 좋은 아이디어가 떠오르고 더 좋은 책을 만들기 위한 마음도 새롭게 샘솟는 제 바이오리듬을 파악했습니다. 그 사실을 알고 나서는 우울해지더라도 '또 왔다, 언제나 오는 그 주기야.' 하고 이전보다 밝게 우울함과 맞서게 되었습니다. **자신의 바이오리듬을 알고 있으면 일도 인생도 조금은 편해집니다.**

# 내 일이 어떤 식으로 사회와 연결되는지 써 본다

⁂

'기업의 존재 이유는 사회 공헌에 있다.'

이전에 근무했던 회사에 입사했을 때, 연수 첫날 배운 기업 이념입니다. 이 말은 제가 일을 계속하는 동안 기본 사고방식이 되었습니다. 직접적으로는 알기 어려워도, 어떤 일이든 사회의 어떤 것, 세상의 누군가와 이어져 있고 도움이 된다고 봅니다.

저는 제 일이 사회와 연결되어 있다는 것을 언제나 의식하고 있습니다. 수납 강의나 출간을 통해 한 가족의 '생활 시스템 구축'에 도움을 주고 있습니다. 좀더 편리한 시스템을 만들어 거기에서 생겨난 시간을 가족들이 긍정적으로 사용하는 데 공헌하고 싶습니다. 또 독창적인 제품을 만들어서, 그 물건을 사용하는 사람의 생활이 조금이라도 편하고 쾌적해지는데 도움을 주고 싶습니다. 물건을 만드는 지역의 공장이 활기차게 변하는 등 지역 공헌으로도 이어지기를 바랍니다.

'내 일에는 어떤 의미가 있을까? 계속할 필요가 있는 걸까?' 하고 부정적인 기분이 들 때가 있습니다. 업무에 대한 보람이나 동기를 느끼지 못해서 침울해지는 일은 누구에게나 있을 테지요. 그럴 때는 **자신이 하는 일의 의의를 생각해보고 사회와 어떤 형태로 연결되어 있는지를 써 보세요.**

자신이 직접 그 부분에 관련되어 있지 않아도, 근무하는 회사가 만드는 물건이나 서비스가 사회와 어떻게 관련되어 있는지, 사회에 어떤 공헌을 할 수 있는지 한 번 시야를 넓혀서 생각해 보세요.

'내가 발주한 재료는 어느 지역의 산업 발전과 이어져 있다.'든가 '내가 판매한 상품은 어떤 이의 생활을 조금이나마 편하게 하는 데 공헌했다.'는 등 다양한 것이 보입니다. 자신이 하는 일의 의미를 인식할 수 있습니다. **의미를 느끼며 일할 수 있으면 일하는 시간도 행복해집니다.**

# 눈을 보고 인사하면 업무가 원활해진다

⁂

'인사는 제대로'. 어렸을 때부터 배운 내용입니다. 새삼스러운 말이지만 역시 인사는 중요하다는 사실을 최근에 다시 느꼈습니다. 제가 일하는 회사 스태프의 인사가 그 계기였습니다.

그 스태프는 일주일에 서너 번, 오후 2시까지 일합니다. 다른 사람보다 빨리 퇴근하지만, 퇴근할 때는 반드시 똑바로 사람들을 향하고 눈을 보며 활짝 웃는 얼굴로 "먼저 가 보겠습니다." 하고 인사를 한 뒤에 돌아갑니다. **짧은 인사인데도 기분이 좋아서** 매번 상쾌한 기분으로 배웅합니다.

누구나 기분 좋게 인사를 하는 사람에게는 친근감을 느끼고 도와주고 싶은 법. **인사 하나가 업무도 원활하게 해 줍니다.** 역시 인사를 중요하게 여겨야겠다고 다짐합니다.

## 도움이 되는 내용은 공유하기

⁂

신문 기사를 읽고 좋다고 생각하거나 앞으로 어디에든 도움이 될 것 같은 아이디어를 발견하면 지금 업무와 직접 관계가 있든 없든 스태프에게 공유하고 있습니다. 회사에 다닐 때도 같은 팀 동료들에게 그렇게 공유했습니다.

공유하는 것은 긍정적인 화제가 될 만한 내용입니다.

- 일이 편해지는 테크닉 등 업무 진행 방법에 힌트가 되는 것.
- 거래처나 고객에게 칭찬받은 내용 등 업무 의욕이 높아지는 것.
- 갈등이나 고민이 있으면서도 활기차게 일하는 사람의 인터뷰.

처음부터 메일을 다 쓰거나 남에게 설명하는 것은 아니지만, **읽고 도움이 된다고 생각하면 공유**하지요. 특히 최근에는 신문을 스크랩하거나 사진을 프린트하지 않아도 그 기사의 URL을 메일에 붙이거나 사진을 첨부하여 간단히 공유할 수 있어서 편합니다. 읽는 사람에게 부담이 되거나 강요가 되지 않도록 "이런 기사를 봤어요." 하고 가볍게, 그리고 "답장은 필요없습니다."라는 말도 잊지 않고 덧붙입니다. 실제로 그 이야기를 소재로 대화를 주고받기 시작할 때도 많아서 대화의 계기가 되기도 됩니다.

좋은 것을 알게 되면 자신만 알지 않고 다른 사람과 공유. 그리고 내가 무언가를 공유하면 **다른 사람도 유익하거나 흥미로운 내용을 공유하기 마련**이어서 선순환이 생겨납니다. 역시 자신만의 관심 영역보다 많은 사람의 관심 영역이 모이면 더 많은 양질의 정보를 파악할 수 있습니다. 그렇게 하여 함께 일하는 동료 사이에 좋은 내용을 축적하면 곧 팀 전체의 힘이 됩니다.

# 짧은 메모가 중요하다

⁂

하지 않아도 되는 일은 생략하여 작업 시간을 줄이고 싶지만 정말 불필요한 것만 생략하려고 합니다. 얼핏 합리적이지 않아 보이지만 역시 **시간을 내고 싶은 것은 마음을 열고 사람들과 소통하는 것**입니다.

그 중 하나로 뭔가 남에게 보낼 때나 제출할 때는 짧은 메모를 꼭 첨부합니다. 확인해야 할 서류에 아무런 메시지도 없는 것보다 **손으로 쓴 짧은 메시지가 있으면 누구나  마음이 열리지** 않을까요. 그런 사소한 것들이 결과적으로는 업무를 원활하게 해 줍니다. 메모를 쓰는 데 걸리는 시간은 단 몇 십 초. 작아 보이지만 실은 큰 중요한 시간입니다.

수고 많으셨어요.
A사 기획예산 자료입니다.
잘 부탁드립니다!
-emi

## 일과 관련된 카톡은 업무 시간 내로 제한

⁂

확인 사항, 의뢰 내용을 빠르게 주고받을 수 있는 카톡은 편리한 도구입니다. 그래서 개인적으로도 사용하지만 업무에서도 사용하는 경우가 늘었습니다. 저도 스태프와 사용할 때가 있지만, **업무 안건으로 카톡을 사용하는 것은 업무 시간 내와 긴급 연락만**으로 정했습니다.

카톡은 개인적으로 다들 많이 사용합니다. 업무시간 이외의 시간대에는 소리가 울리게 해 두고 열심히 보는 사람도 많을 테지요. 그런데 휴일이나 밤에 갑자기 업무 내용이 날아오면, 편한 기분으로 쉬다가 갑자기 업무로 끌려오는 셈입니다. 이를 부담스러워 하는 사람도 있습니다.

정말 긴급한 상황이라면 어쩔 수 없지만 대부분 다음날이나 휴일이 끝난 뒤에 연락해도 충분합니다. 카톡에서까지 업무 내용을 주고받을 일은 거의 없다고 생각합니다.

규칙을 정할 수 있는 사이라면 그나마 낫습니다. 거래처나 상사에게는 "휴일에 카톡으로 업무 내용은 보내지 마세요."라고 말하기는 어렵겠지요. 또 카톡으로 연락이 온 것을 보고도 대답하지 않으려면 역시 마음이 불편합니다.

혹시 수시로 날아오는 카톡 업무 대화를 부담스럽게 느낀다면 자신이 변해 보세요. 먼저 **내 쪽에서는 적극적으로 보내지 않는 태도**를 취하면 어떨까요. 연락이 오면 대답은 하지만 이쪽에서는 카톡으로 보내지 않는 것입니다. 그것만으로도 대화는 조금이지만 확실히 줄어듭니다. 작은 행동이라 해도 자신의 변화가 상대의 변화로 이어집니다.

또 **소리나 진동을 끄고, 필요할 때만 보는** 방법도 있습니다. 능동적으로 자신이 카톡을 볼 때라면 업무 내용이라도 부담이 조금 덜 느껴질 겁니다. 금방 읽지 않는다는 것을 알면 상대방도 점차 카톡을 이용하지 않게 됩니다. 그러다 보면 개인적인 대화도 포함하여 '카톡에 휘둘리지 않는 생활'로 이어집니다.

# 냉정하게 지적해 주는
# 친구가 소중하다

⁂

뭔가 잘못된 선택을 하면 "그건 틀렸어." 하고 바로 말해주는 친구, 나의 좋지 않은 점을 날카롭게 지적해 주는 친구. 들었을 때는 거북하지만 **그런 친구야말로 귀한 재산**입니다.

저는 친구들과 서로 일 이야기를 자주 합니다. 구체적인 의논을 할 때도 있습니다. 서로 하고 있는 일이 다르고 입장이 다르면 상식도 다릅니다. 나와 다른 관점을 가진 친구의 이야기를 듣고 비로소 깨닫는 경우도 많습니다. 또 냉정하지만 정확한 의견을 말해주는 친구도 있습니다. 아이를 통해서 만난 친구에게도 터놓고 진심으로 이야기를 나누는 관계가 되도록 마음을 씁니다. 소중한 관계로 이어질 수 있으니까요.

일을 오래 하다 보면 익숙해져서 판단이 흐려질 때가 있습니다. 그렇기 때문에 더더욱 **진심으로 냉정하게 지적해 주는 관계가 소중**합니다.

## 가족에게 일 이야기
## 회사에서는 가족 이야기

⁂

저는 **일은 생활과 이어져 있다**고 생각합니다. 그래서 남편에게도 아이들에게도 제가 어떤 식으로 어떤 생각을 하며 일하는지 평소에도 이야기해 줍니다. 그러면 가족이 제 일을 이해해 주기도 하고 집안일을 분담해 주기도 합니다. 또 **부모가 보람을 느끼며 즐겁게 일하고 있다는 사실을 알려 주면 아이들에게도 좋은 영향을 준다**고 믿습니다.

한편 회사에서는 가족에 대해 스태프에게 이야기하고 스태프에게서도 가족 이야기를 듣습니다. 그러면 서로 상대방 자녀에게 친근감이 생기지요. 갑작스럽게 휴가를 내야 하는 사태가 생겨도 선뜻 상대방의 일을 도와주고 싶다는 생각이 듭니다. 서로 도움을 주고 받는 관계를 쌓는 것이 중요합니다.

# 정리하고 선택하며 아이디어를 모아보세요

끝까지 읽어 주셔서 고맙습니다.

프리랜서가 되고 나서 5년이라는 시간이 흘렀습니다. 독립할 당시에는 열 번째 책을 출간하게 되리라고는 상상도 하지 못했답니다.

저 혼자 시작한 'OURHOME'을 지금은 법인으로 전환하여 부부가 함께 경영하며, 기꺼이 기다려 주는 고객 여러분을 위해 스태프 8명과 힘을 모아 열심히 전진하고 있습니다.

프리랜서로 독립했을 당시에 앞일이 어떻게 펼쳐질지 몰랐던 것과 마찬가지로, 조직이 된 지금도 솔직히 말씀드리면 이제부터 다가올 일은 미지의 세계입니다.

하지만 어떤 상황에 놓인다 해도, 분명 지금 처한 상황을 '정리하고', '선택하며', '소소한 아이디어를 모으는' 것은 변함없으리라고 자신있게 말할 수 있습니다. 계속하여 마법처럼 잘 풀리는 것이 아니라, 모든 이에게 공평하게 주어지는 24시간을 잘 궁리하여 사용하다 보면 미래로 이어지겠지요.

이 책의 제목은《나는 오늘 책상을 정리하기로 했다》로 정했습니다. 독자 여러분이 이 책을 선택해 주신 것도 인연이라고 생각합니다. 자신의 '업무 시간'에 대해 뭔가 깨닫고, 앞으로 다가올 '일하는 인생' 속에서 어떻게 살고 싶은지, 어떻게 해 나가고 싶은지 생각하는 계기가 된다면 기쁘겠습니다.

마지막으로 바쁜 업무 시간 중에 취재와 설문 조사에 협력해 준 여러분, 정말 감사합니다. 언제나 책과 블로그를 읽어 주시는 분들, 그리고 이 책과 관련된 모든 분께 감사의 마음을 전합니다.

Emi

# 나는 오늘
# 책상을 정리하기로 했다

**1판 1쇄 인쇄** 2018년 9월 5일
**1판 1쇄 발행** 2018년 9월 10일

**지은이** Emi
**옮긴이** 남궁가윤
**펴낸이** 정원정, 김자영
**편집** 홍현숙
**디자인** 나이스에이지
**마케팅** 소요프로젝트

**펴낸곳** 즐거운상상
**주소** 서울시 종로구 옥인 3길 6-4(상하그린빌 101호)
**전화** 02-706-9452
**팩스** 02-706-9458
**전자우편** happywitches@naver.com
**페이스북** @happydreampub
**출판등록** 2001년 5월 7일
**인쇄** 천일문화사

**ISBN** 979-11-5536-123-8 (13590)

*잘못 만들어진 책은 서점에서 교환하여 드립니다.
*책값은 뒤표지에 있습니다.
*전자책으로 출간되었습니다.

---